全国专业技术人员新职业培训教程

虚拟现实工程技术人员 初级

虚拟现实内容设计

人力资源社会保障部专业技术人员管理司　组织编写

中国人事出版社

图书在版编目（CIP）数据

虚拟现实工程技术人员：初级．虚拟现实内容设计 / 人力资源社会保障部专业技术人员管理司组织编写．-- 北京：中国人事出版社，2023

全国专业技术人员新职业培训教程

ISBN 978-7-5129-1797-2

Ⅰ．①虚…　Ⅱ．①人…　Ⅲ．①虚拟现实 - 技术培训 - 教材　Ⅳ．①TP391.98

中国国家版本馆 CIP 数据核字（2023）第 014916 号

中国人事出版社出版发行

（北京市惠新东街 1 号　邮政编码：100029）

*

保定市中画美凯印刷有限公司印刷装订　　新华书店经销

787 毫米 ×1092 毫米　16 开本　14 印张　212 千字

2023 年 4 月第 1 版　　2023 年 4 月第 1 次印刷

定价：36.00 元

营销中心电话：400-606-6496

出版社网址：http://www.class.com.cn

本书编委会

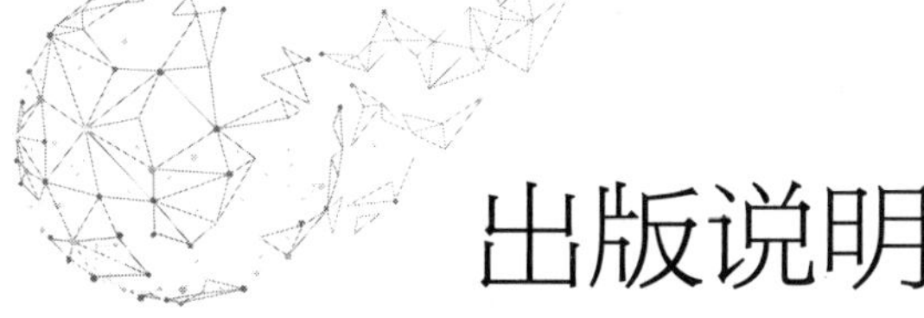

出版说明

当今世界正经历百年未有之大变局，我国正处于实现中华民族伟大复兴关键时期。在全球经济低迷，我国加快形成以国内大循环为主体、国内国际双循环相互促进的新发展格局背景下，数字经济发挥着提振经济的重要作用。党的十九届五中全会提出，要发展战略性新兴产业，推动互联网、大数据、人工智能等同各产业深度融合，推动先进制造业集群发展，构建一批各具特色、优势互补、结构合理的战略性新兴产业增长引擎。“十四五”期间，数字经济将继续快速发展、全面发力，成为我国推动高质量发展的核心动力。

近年来，人工智能、物联网、大数据、云计算、数字化管理、智能制造、工业互联网、虚拟现实、区块链、集成电路等数字技术领域新职业不断涌现，这些新职业从业人员通过不断学习与探索，将推动科技创新、释放巨大能量，推动人们生产生活方式智能化、智慧化、数字化，推动传统产业转型升级，为经济高质量发展注入强劲活力。我国在技术、消费与应用领域具备数字经济创新领先优势，但还存在数字技术人才供给缺口较大、关键核心技术领域自主创新能力不足、数字经济与实体经济融合的深度和广度不够等问题。发展数字经济，推进数字产业化和产业数字化，推动数字经济和实体经济深度融合，急需培育壮大数字技术工程师队伍。

人力资源社会保障部会同有关行业主管部门将陆续制定颁布数字技术领域国家职业标准，坚持以职业活动为导向、以专业能力为核心，遵循人才成长规律，对从业人员的理论知识和专业能力提出综合性引导性培养标准，为加快培育数字技术人才提供基本依据。根据《人力资源社会保障部办公厅关于加强新职业培训工作的通知》（人社厅发〔2021〕28号）要求，为提高新职业培训的针对性、有效性，进一步发挥新职业培训促进更好就业的作用，人力资源社会保障部专业技术人员管理司组织相关领域的专家学者编写了全国专业技术人员新职业培训教程，供相关领域开展新职业培训使用。

本系列教程依据相应国家职业标准和培训大纲编写，划分初级、中级、高级三个等级，有的职业划分若干职业方向。教程紧贴数字技术人员职业活动特点，定位于全国平均水平，且是相关数字技术人员经过继续教育或岗位实践能够达到的水平，突出该职业领域的核心理论知识、主流技术及未来发展要求，为教学活动和培训考核提供规范和引导，将帮助广大有意或正在从事数字技术职业人员改善知识结构、掌握数字技术、提升创新能力。

希望本系列教程的出版，能够在加强数字技术人才队伍建设、推动数字经济快速发展中发挥支持作用。

目 录

绪 论

虚拟现实是一个新兴的、快速增长的行业。随着信息技术，尤其是5G、智能传感器与图形显示等技术的发展，虚拟现实技术已成为21世纪最先进的主流技术之一，并且在产业应用方面的贡献日益突出。虚拟现实以其独特的沉浸性、构想性和交互性在商业、工业、军事、医疗、教育、传媒、娱乐等众多领域应用广泛且深入，实现各传统型产业/专业的增值、增效。当前，产业的发展急需虚拟现实高素质、复合型技术技能人才支撑。

新职业的发布意味着虚拟现实职业将逐步建立统一的规范，相关的培训教育体系也会日益完善。建立新职业信息发布制度是国际通行做法，也是职业分类动态调整机制的重要内容。

（1）有利于促进就业创业。通过发布新职业信息对新职业进行规范，加快开发就业岗位，扩大就业容量，强化职业指导和就业服务，促进劳动者就业创业。

（2）有利于促进职业教育和职业培训改革。推动专业设置、课程内容与社会需求和企业生产实际相适应，促进职业教育培训质量提升，实现人才培养培训与社会需求紧密衔接。

（3）有利于完善我国职业分类和职业标准体系。将新职业纳入国家职业分类统一管理，并根据产业发展和人才队伍建设需要，加快职业技能标准开发工作，有利于建立动态更新的职业分类体系，完善职业标准体系。

随着虚拟现实工程技术人员职业的发布，相信虚拟现实的未来会更美好。

一、虚拟现实工程技术人员的职业概况

（一）职业定义

使用虚拟现实引擎及相关工具，进行虚拟现实产品的策划、设计、编码、测试、

维护和服务的工程技术人员。[①]

（二）专业技术等级

本职业共设三个等级，分别为初级、中级、高级。

初级、中级、高级均设两个职业方向：虚拟现实应用开发、虚拟现实内容设计。

（三）专业技术考核要求

取得初级培训学时证明，并具备以下条件之一者，可申报初级专业技术等级：

（1）取得技术员职称。

（2）具备相关专业大学本科及以上学历（含在读的应届毕业生）。

（3）具备相关专业大学专科学历，从事本职业技术工作满 1 年。

（4）技工院校毕业生按国家有关规定申报。

取得中级培训学时证明，并具备以下条件之一者，可申报中级专业技术等级：

（1）取得助理工程师职称后，从事本职业技术工作满 2 年。

（2）具备大学本科学历，或学士学位，或大学专科学历，取得初级专业技术等级后，从事本职业技术工作满 3 年。

（3）具备硕士学位或第二学士学位，取得初级专业技术等级后，从事本职业技术工作满 1 年。

（4）具备相关专业博士学位。

（5）技工院校毕业生按国家有关规定申报。

取得高级培训学时证明，并具备以下条件之一者，可申报高级专业技术等级：

（1）取得工程师职称后，从事本职业技术工作满 3 年。

（2）具备硕士学位，或第二学士学位，或大学本科学历，或学士学位，取得中级专业技术等级后，从事本职业技术工作满 4 年。

（3）具备博士学位，取得中级专业技术等级后，从事本职业技术工作满 1 年。

（4）技工院校毕业生按国家有关规定申报。

① 2021 年 9 月 29 日，《人力资源社会保障部办公厅　工业和信息化部办公厅关于颁布集成电路工程技术人员等 7 个国家职业技术技能标准的通知》《虚拟现实工程技术人员国家职业技术技能标准》。

二、虚拟现实工程技术人员的职业功能

（一）职业定位

近年来，虚拟现实应用技术在国内外都得到了飞速发展并且逐步走向成熟，不管是企业还是国家都对虚拟现实技术有着强烈的发展需求。同时，虚拟现实技术也是国家工业 2025 规划重点发展行业。当前我国虚拟现实技术人才相当短缺，现有的技术人员主要从游戏、动漫、3D 仿真、模型等行业转型而来，与行业结合的复合型高级人才储备明显不足，无法有效满足产业快速发展的需要。

虚拟现实工程技术人员主要面向虚拟现实、增强现实、动漫游戏、网络传媒、软件开发等高新技术行业，以及房产动画、装饰装潢、建筑设计、出版等商业文化单位，能从事在动漫、游戏、人机交互、影视及广告、图书、网络媒体、建筑、服装、艺术、工业等行业进行虚拟现实开发、产品概念设计、策划、角色造型设计、全景视频缝合等工作。图 0–1 所示为虚拟现实工程技术人员基本工作范畴。

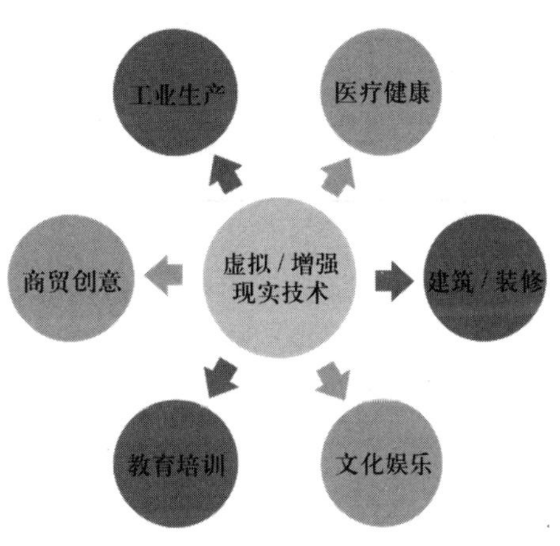

图 0–1 基本工作范畴

（二）专业能力要求

按照《虚拟现实工程技术人员国家职业技术技能标准》，见表 0–1，初级、中级、高级均分为虚拟现实应用开发和虚拟现实应用设计两个方向。专业能力分为搭建虚拟现实系统、开发虚拟现实应用、设计虚拟现实内容、优化虚拟现实效果、管理虚拟现实项目共五个板块。根据专业技术等级的提高，每个专业能力要求模块的占比也有所调整。

虚拟现实工程技术人员所需的技能可以划分为两类，分别是基础知识和专业技能。初级、中级、高级的专业能力和相关知识要求依次递进，高级别涵盖低级别的要求。

基础知识涵盖了搭建虚拟现实系统和管理虚拟现实项目两方面的相关知识，更倾向于理论知识点。同时适用于虚拟现实应用开发和虚拟现实内容设计两个职业方向的理论知识学习。

表 0–1　专业能力要求

项目 \ 专业技术等级		初级（%）		中级（%）		高级（%）	
		虚拟现实应用开发	虚拟现实内容设计	虚拟现实应用开发	虚拟现实内容设计	虚拟现实应用开发	虚拟现实内容设计
专业能力要求	搭建虚拟现实系统	30	25	25	20	20	15
	开发虚拟现实应用	55	—	45	—	30	—
	设计虚拟现实内容	—	60	—	45	—	30
	优化虚拟现实效果	—	—	10	15	20	25
	管理虚拟现实项目	15	15	20	20	30	30
合计		100	100	100	100	100	100

专业能力要求中的开发虚拟现实应用和优化虚拟现实效果是虚拟现实应用开发职业方向的专业知识。开发虚拟现实应用由开发应用程序和测试应用两部分组成。优化虚拟现实效果的主要内容是优化虚拟现实交互效果，合理配置项目性能消耗。这两方面的内容更倾向于实际操作应用类技能。随着专业技术等级的提升，这两方面的知识将逐步深入。

专业要求中的设计虚拟现实内容和优化虚拟现实效果是虚拟现实内容设计职业方向的专业知识，也是倾向于实际操作应用的相关知识。设计虚拟现实内容由采集数据、制作三维模型、制作材质、处理图像、创建与渲染场景等相关知识点构成。优化虚拟现实效果的主要内容是优化三维模型、二维图像等资源的制作方式。随着专业技术等级的提升，这两方面的知识将逐步深入。图 0–2 所示为虚拟现实工程技术人员所需技能。

不同的专业技术等级所需要的技能占比不同，具体的能力分层可以概括为：

（1）初级是掌握软件及相关工具应用基础。通过对虚拟现实软硬件环境的配置了解虚拟现实系统的部署。掌握计算机编程、软件测试、三维模型、材质、图像、场景、项目管理等相关基础知识，应用于虚拟现实工程技术人员的初级工作岗位。

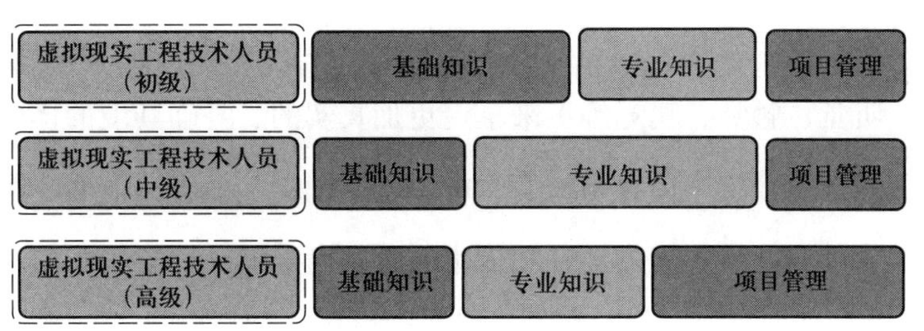

图 0–2 所需技能

（2）中级是深度理解虚拟现实项目构成及实现方式。在掌握拓展、深化的各项技能后，全面理解虚拟现实项目的构成，并使用适当的技术手段来实现项目目的。

（3）高级是掌握虚拟现实技术重点、难点，全盘规划项目实施。其中技术技能以项目架构搭建、资产制作方案、项目指导与培训等指导和规划性工作为主。

（三）主要工作任务

虚拟现实工程技术人员的主要工作任务包含五个方面：

（1）虚拟现实软件产品策划、场景设计、界面设计、模型制作、程序开发、系统测试。

（2）设计、开发、集成、测试虚拟现实硬件系统。

（3）研究、应用虚拟现实体系架构、技术和标准。

（4）管理、监控、维护并保障虚拟现实产品的稳定和安全运行。

（5）提供虚拟现实技术相关的技术咨询、技术培训和技术支持服务。

三、市场需求

（一）行业背景分析

信息产业是我国国民经济的基础性、战略性、先导性产业，对我国经济结构调整具有重要的示范意义，是稳增长、促改革的主战场。我国是全球领先的信息产业大国，虚拟现实作为下一个时代的交互方式，是如今最受关注的前沿科技之一。以虚拟现实等产品为代表的一批市场反响好、用户体验佳的创新性产品推动了供给侧改革，成为提升消费类电子产品有效供给能力的重要手段。

虚拟现实（Virtual Reality，VR）技术起源于20世纪60年代，是指借助计算机系统及传感器技术生成三维环境，创造出一种崭新的人机交互方式，通过调动用户各种感官（视觉、听觉、触觉、嗅觉等）来享受更加真实的、身临其境的体验，广泛应用于游戏、新闻媒体、社交、体育与比赛、电影、演唱会、教育、电商、医学、城市规划、房地产等。随着硬件性能的提升和成本的大幅度降低，近年来虚拟现实产品获得了广泛发展。

（二）虚拟现实工程技术人员的价值

虚拟现实工程技术人员的职业能力特征是具有较强的学习能力、理解能力、沟通能力、分析能力、计算能力，具有较好的空间感。虚拟现实工程技术人员在企业与项目中承担着产品策划、设计、编码、测试、维护和服务等工作，是企业中不可或缺的技术支持。由于虚拟现实技术具有多种学科技术融合的特点，虚拟现实工程技术人员将是多行业需求的复合型人才。

虚拟现实工程技术人员的价值：

【对个人价值】新的职业选择，形成复合型人才竞争优势，拥有良好的就业和薪资前景。

【对企业价值】拓展了企业在业务框架上的方向，推进企业在信息产业领域的发展。

【对社会价值】虚拟现实和 5G、人工智能、大数据云计算等前沿技术不断融合创新发展，进一步促进了虚拟现实的应用落地，催生了新的业态和服务。

（三）职业前景

据全球 VR 人才供需报告显示，在全球 VR 人才的三大梯队中，美国、英国、中国的 VR 人才占比分别为 40%、8% 和 2%。而从人才需求来看，中国的 VR 人才需求量达 18%，居于全球第二，仅次于美国，同时印证了 VR/AR 技术人才的稀缺。

相关行业的发展需要大量的 VR 技术人才。除了医疗、装修、教育等垂直细分领域，持续地保持用人需求外，视频平台网站在招聘网上放出的招聘信息，也同样有 VR 专业技术人才的需求。VR+ 游戏、VR+ 教育、VR+ 医疗、VR+ 房地产等行业也都积极开拓自身在虚拟现实领域的新突破。现如今，VR 市场愈发蓬勃壮大，它对人才的需求也达到了前所未有的高度。

“VR+”将对互联网模式进行重构。随着 VR 等新技术的发展，现实世界和虚拟世界将逐渐结合，未来五年互联网将发生巨大变化，VR 技术将改变商业、金融、房地产、制造、医疗等各个行业及领域。VR 对传统行业商业模式的改变，会像以前互联网商业模式对于传统商业模式的冲击，不是在一个维度上的竞争。VR 人才，尤其是精通 VR 技术与行业应用的“VR+”复合型人才将成为紧缺人才。

四、本教材包含的内容

本教材内容面向虚拟现实工程技术人员内容设计职业方向的从业人员。内容设计职业的工作内容主要是设计制作虚拟现实项目中的图形图像资源，其主要工作内容可大致分为三维模型的获取与制作，二维图像的绘制与修改，虚拟场景的搭建与渲染，内容资源的优化等。本教材共五章，所讲述的内容紧贴虚拟现实内容设计方向工作的全部流程。教材从项目前期的三维数据采集开始，讲述三维扫描硬件与软件的操作和三维数据的相关知识。然后分别讲述虚拟现实项目中内容设计的重要组成部分，即三维模型、材质和图像等素材的制作。最后讲述如何在虚拟现实引擎中导入素材并构建场景。通过完整的工作流程相关技能讲述，引导读者学习虚拟现实内容设计工作流程，从而掌握相关岗位所需技能。

第一章，采集数据。讲述了三维重建技术和三维模型的关系。从如何根据项目需求选取采集设备型号，到处理采集到的点云数据，完整地讲述了三维扫描模型的原理和实现方式。读者通过对三维扫描软硬件的学习，理解数据采集工作在完整虚拟现实项目流程中所扮演的角色，从而辅助理解虚拟现实内容设计工作的完整流程和技术路线。

第二章，制作三维模型。承接了上一章关于三维数据获取之后的工作。本章主要讲述三维模型制作软件的使用方式。读者可根据书中多种建模工具的相关知识，学习虚拟现实模型制作的技能。三维模型是虚拟现实世界中不可或缺的重要元素，无论是虚拟场景的构建还是仿真模型的展览展示都离不开三维模型制作。制作三维模型将上游的采集数据环节和下游的制作材质工序有效衔接起来，是虚拟现实项目中的重要环节。本章通过多种三维模型制作工具的讲解，让读者掌握三维模型制作基础内容，从而为虚拟现实模型相关岗位打下基础。

第三章，制作材质。在现实世界中材质是对物体的材料和质感的统称，在虚拟世界中它是对物体渲染信息的综合描述。它反映了三维模型与虚拟灯光的交互、贴图、纹理、光照算法等信息。笼统地说，制作材质就是在给三维模型绘制外观。因此，制作材质是衔接三维模型制作和场景搭建两道工序的中间桥梁。学习制作材质，不但能够掌握如何赋予三维模型渲染信息的能力，还能够理解虚拟现实世界中的渲染原理。本章从制作材质的基础入手，讲述了材质编辑的各项基础知识，是初级虚拟现实工程技术人员内容设计职业方向所必须掌握的技能之一。

第四章，处理图像。虚拟现实项目中需要大量的图像处理技术。无论是贴图的绘制还是后期图像的处理，都离不开图像处理技术。区别于传统的图像处理行业，虚拟现实项目中的处理图像工序更注重贴图纹理的处理、后期图像的调整和用户界面的绘制。虽然工作内容不尽相同，但是基础的软件使用技巧是相通的。故本章节的目的是讲述内容设计职业方向的初级技能之一，即如何使用图像处理软件的基础知识。通过本章的学习，读者能够对图像处理有初步的认识，从而为之后的贴图处理、用户界面绘制等工作打下基础。

第五章，创建与渲染场景。对于内容设计职业方向而言，创建与渲染场景可以视作最终的工作内容整合，或者是之前所有工序的有机结合。通过三维模型、材质、引擎内相关工具的使用，搭建出用于虚拟现实项目的虚拟场景。通常，这些工作将在虚拟现实引擎软件中完成。因此，学习在虚拟现实引擎中导入素材、创建场景、设置摄像机等技能是从事内容设计相关岗位不可或缺的技能。

本书是虚拟现实工程技术人员国家职业技术技能标准的配套培训教材，内容为虚拟现实工程技术人员内容设计方向的初级专业知识，可配套系列丛书的初级基础知识使用。本教材章节与国家标准的对照见表 0–2，以便读者定位与查阅相关知识与技能。

表 0–2　　本教材章节与国家标准的对照

职业功能	工作内容	国家标准内容		教材对应章节
设计虚拟现实内容	3.1　采集数据	专业能力要求	3.1.1　能根据要求对采集设备进行选型	第一章　采集数据 第一节　数据采集设备
			3.1.2　能使用常用采集设备进行数据采集工作	第一章　采集数据 第一节　数据采集设备
			3.1.3　能编辑数据，并导出、迁移至数据处理软件	第一章　采集数据 第二节　数据编辑

续表

职业功能	工作内容	国家标准内容		教材对应章节
设计虚拟现实内容	3.1 采集数据	相关知识要求	3.1.1 数码相机、三维扫描仪等设备的使用方法	第一章 采集数据 第一节 数据采集设备
			3.1.2 三维数据基本知识	第一章 采集数据 第二节 数据编辑
	3.2 制作三维模型	专业能力要求	3.2.1 能使用软件创建基本几何体	第二章 制作三维模型 第一节 创建基本几何体
			3.2.2 能在三维软件中使用样条线工具制作简单造型	第二章 制作三维模型 第二节 样条线工具
			3.2.3 能使用软件创建多边形网格模型	第二章 制作三维模型 第三节 创建多边形网格模型
			3.2.4 能使用三维软件中的布尔、放样等运算	第二章 制作三维模型 第四节 几何体的布尔、放样运算
			3.2.5 能导入、导出、合并不同格式模型	第二章 制作三维模型 第一节 创建基本几何体
		相关知识要求	3.2.1 软件中几何体制作相关知识	第二章 制作三维模型 第一节 创建基本几何体
			3.2.2 软件中线条工具相关知识	第二章 制作三维模型 第二节 样条线工具
			3.2.3 多边形建模工具相关知识	第二章 制作三维模型 第二节 样条线工具 第三节 创建多边形网格模型
			3.2.4 软件三维模型运算相关知识	第二章 制作三维模型 第四节 几何体的布尔、放样运算
			3.2.5 三维模型管埋相关知识	第二章 制作三维模型 第一节 创建基本几何体
	3.3 制作材质	专业能力要求	3.3.1 能命名、赋予、删除模型的材质	第三章 制作材质 第一节 材质的命名、赋予、删除
			3.3.2 能链接不同类型贴图与材质通道	第三章 制作材质 第二节 贴图与材质通道
			3.3.3 能使用软件对材质进行编辑	第三章 制作材质 第三节 材质编辑

续表

职业功能	工作内容	国家标准内容		教材对应章节
设计虚拟现实内容	3.3 制作材质	相关知识要求	3.3.1 材质命名规则	第三章 制作材质 第一节 材质的命名、赋予、删除
			3.3.2 材质通道和贴图属性相关知识	第三章 制作材质 第二节 贴图与材质通道
			3.3.3 软件材质编辑器参数知识	第三章 制作材质 第三节 材质编辑
	3.4 处理图像	专业能力要求	3.4.1 能使用图像处理软件导入并修改图片基本参数	第四章 处理图像 第一节 图片的导入与参数修改
			3.4.2 能使用图像处理软件拼接、裁切图片	第四章 处理图像 第二节 图片拼接与裁切
			3.4.3 能使用图像处理软件调整图片格式和颜色模式	第四章 处理图像 第三节 图片格式与颜色模式
		相关知识要求	3.4.1 计算机图像参数相关知识	第四章 处理图像 第一节 图片的导入与参数修改
			3.4.2 图像拼合裁剪相关知识	第四章 处理图像 第二节 图片拼接与裁切
			3.4.3 图片格式相关知识	第四章 处理图像 第三节 图片格式与颜色模式
			3.4.4 计算机颜色模式相关知识	第四章 处理图像 第三节 图片格式与颜色模式
	3.5 创建与渲染场景	专业能力要求	3.5.1 能将三维模型、贴图等素材导入虚拟现实引擎及相关工具	第五章 创建与渲染场景 第一节 虚拟现实引擎素材导入
			3.5.2 能使用虚拟现实引擎及相关工具创建场景文件	第五章 创建与渲染场景 第二节 创建场景文件
			3.5.3 能使用虚拟现实引擎及相关工具设置三维模型的 LOD 数值	第五章 创建与渲染场景 第三节 设置三维模型
			3.5.4 能使用虚拟现实引擎及相关工具创建摄像机和修改相关参数	第五章 创建与渲染场景 第四节 摄像机

续表

职业功能	工作内容	国家标准内容		教材对应章节
设计虚拟现实内容	3.5 创建与渲染场景	专业能力要求	3.5.5 能使用虚拟现实引擎及相关工具创建、分类、管理各项美术资源	第五章 创建与渲染场景 第五节 管理美术资源
		相关知识要求	3.5.1 虚拟现实引擎及相关工具资源管理知识	第五章 创建与渲染场景 第五节 管理美术资源
			3.5.2 LOD 相关知识	第五章 创建与渲染场景 第三节 设置三维模型
			3.5.3 虚拟现实场景创建方法	第五章 创建与渲染场景 第二节 创建场景文件
			3.5.4 虚拟相机使用知识	第五章 创建与渲染场景 第四节 摄像机

第一章 采集数据

三维重建技术广泛应用于影视、VR、AR、游戏等领域。实时的三维重建是该技术发展的必然趋势。人们生活在现实的三维空间里，因此，必须将虚拟世界数字化为三维空间，才可以和环境进行交互。三维重建技术一直是计算机图形学和计算机视觉领域的一个热点课题。早期的三维重建技术通常以二维图像作为输入源，重建出场景中的三维模型。受限于输入的数据，重建出的三维模型通常不够完整且真实感较低。随着各种面向普通消费者的深度相机的出现，基于深度相机的三维扫描和重建技术得到了飞速发展。随着虚拟现实技术的发展，三维模型的需求量不断增长，这也在一定程度推进了三维重建技术的发展。

本章从三维数据采集的技术原理出发，介绍了典型扫描仪的应用。通过数据编辑软件的基础操作和实际案例，介绍了典型的三维扫描数据获取及处理方案。三维数据采集是虚拟现实项目中获取素材的重要技术途径。

- **职业技能：** 掌握数据采集工具及软件使用技能。
- **工作内容：** 通过学习点云数据的采集与处理，能够掌握虚拟现实内容设计的数据获取方式。
- **专业能力要求：** 能使用常用采集设备进行数据采集工作；能编辑采集数据，并将其导出、迁移至数据处理软件；能根据要求对采集设备进行选型。
- **相关知识要求：** 三维数据基本知识，三维扫描仪等设备的使用方法。

第一节　数据采集设备

考核知识点及能力要求：

- 了解三维数据基本知识。
- 了解扫描仪设备相关知识。

一、三维重建技术

三维重建是将三维的物体在虚拟世界中重建出来，通俗地说就是照相机的逆操作（照相机是将现实中的物体呈现在二维图片中，而三维重建是将二维图片中的信息在三维虚拟空间中显现）。而点云是三维数据的载体，通过三维重建和点云处理可以得到精准的模型表面信息，从而服务于虚拟现实内容的设计与制作。

3D 信息采集常使用移动测绘系统（mobile mapping system，MMS），MMS 包括移动激光扫描系统和数码相机。移动激光扫描系统主要由激光扫描仪和惯性导航系统组成，用于测量点的三维坐标和激光反射强度；数码相机用于测量点的三维坐标和颜色信息。根据移动激光扫描系统和数码相机采集的数据可以得到点云数据，包括三维坐标、激光反射强度、颜色信息等。

车载装置上装有雷达和 GPS/IMU，雷达可以获取车载装置到扫描点的距离与偏角，这样就可以得到扫描点在 GPS 坐标系中的三维坐标，而雷达与 GPS 都在车载上，两者的相对位置固定，于是又可以将点的 GPS 坐标系中的坐标转换为雷达坐标系中的坐标，而雷达坐标系是可以转化为大地坐标系的，这样每个扫描点在 GPS 坐标系中的坐标就转换为大地坐标系中的坐标。为了便于处理，再将大地坐标系中的坐标转换为本地坐标系中的坐标。事实上点云文件中的三维坐标指的是本地坐标系中的坐标。

根据激光测量原理得到的点云，包括三维坐标（X，Y，Z）和激光反射强度（intensity）。根据摄影测量原理得到的点云，包括三维坐标（X，Y，Z）和颜色信息（RGB）。结合激光测量和摄影测量原理得到点云，包括三维坐标（X，Y，Z）、激光反射强度（intensity）和颜色信息（RGB）。在获取物体表面每个采样点的空间坐标后，得到的是一个点的集合，称之为"点云"（point cloud）。点云存储格式有很多，如 *.pts，*.asc，*.dat，*.stl，*.imw，*.xyz，*.las 等。

二、扫描仪

目前，扫描仪的品牌及型号较多，在激光波长、激光等级、数据采样率、最小点间距、模型化点定位精度、测距精度、测距范围、激光点大小、扫描视场等指标方面各有千秋，为选择仪器提供了较大空间。一般应根据仪器成本、模型精度、应用领域等因素综合考虑。仪器选择时首先考虑项目任务技术要求、现场环境等因素，再结合仪器主要技术参数确定项目使用的仪器。多数情况下需要有一台仪器能够满足作业需求，但是在特殊情况下（比如项目任务量较大、工期较短、扫描对象有特别要求等），需要多台仪器参与扫描，甚至使用分辨率、型号不同的仪器。

测站设置一般遵循的原则：

- 使得扫描仪所架设的各个测站可以扫描到目标区域的全部范围。
- 对测站数进行优化，在保证采样率的前提下，采用最小的设站数量、最大的覆盖面积，减小拼接次数，减少点云数据拼接误差和数据总量。
- 相邻两站之间有不少于三个的可清晰识别标靶或特别标志，扫描仪至扫描对象平面的距离要在仪器标称测距精度的最佳工作范围内，一般要与扫描对象平面垂直。
- 在可视范围内，保证 90% 以上数据的完整性，站与站之间重复率为 20% ~ 30%，可以保证研究对象整个点云数据的完整性和不同测站点间拼接的最低要求。针对古建筑的特殊部位，要进行数据补充，以保证完整性。对于大型的复杂建筑，尤其是具有一定高度的建筑，应采用其他辅助手段，保证点云数据的完整性。

三、VR 全景相机

VR 全景相机通常用来拍摄制作 VR 全景图和全景视频。VR 全景图是一种图像类型，它是一种可以 360° 观看的全景图，涵盖了某个场景中所有角度的图像。VR 全景相机按结构不同可分为单目全景相机、双目 VR 全景相机、多目全景相机、组合式 VR 全景相机等类型。它们具有不同的特点和应用场景。

VR 全景图区别于普通的图片，它包含了 360° 的影像内容，记录了完整的空间。通过数码相机把完整的空间图形信息拍摄下来，再通过拼接软件或者渲染软件的处理，将视角范围达到 360° 的内容展现在一个二维平面上，就形成了 VR 全景图。一般来说，VR 全景图在拍摄后需要进一步的后期处理才能完成最终图像。完整的后期处理大致可分为格式转化及预调色、多图拼接及地面补齐、细节调整和输出文件等步骤。

VR 全景视频是一种新的媒体形式，它不仅可以让用户实现任意角度观看视频，而且能够让用户自主控制观看内容，并且可以在同一时间选择不同的观看位置。相对于传统的视频媒体形式，VR 全景视频具有可交互性。通俗地理解，VR 全景视频是一种通过 VR 全景相机的拍摄和计算机软件的后期剪辑处理得到的三维空间视频。

VR 全景图和 VR 全景视频，都是虚拟现实项目中的重要内容。它们不仅能够展示空间影像，更能够凭借其多视角、可交互的特点为虚拟现实内容演示提供便利。

第二节 数据编辑

考核知识点及能力要求：

- 掌握点云数据处理方法。
- 了解点云数据处理相关软件知识。

FARO® SCENE 是一款三维数字存档软件，能够扫描需要以高分辨率扫描的远距离区域，以执行精确的靶标识别或捕获具有更高细节精度的更小区域，通过点云数据集的清洁度和色彩平衡等，帮助用户提高工作效率。

处理后点云效果如图 1-1 所示。

图 1-1 处理后点云效果

一、软件功能

1. 移动对象过滤

自动删除在扫描场景中多余的移动对象，例如人和车辆。对于两个或更多扫描配准，新增的移动对象过滤器使用户可以更快地移除出现在相邻两站重叠区域中的差异对象。

2. 以 *.obj 格式导出和导入带纹理网格的三维模型

现在 *.obj 导出增加了包含纹理网格的功能，其中点云的一部分可以从 SCENE 导出并导入其他三维软件，数据能以彩色显示并可以作为三维模型进行操作。

3. 网格控制

网格控制由平移和旋转手柄实现，允许手动放置网格。

4. 重新扫描远距离靶标

SCENE 支持新的扫描仪功能，能够重新扫描需要以更高分辨率扫描的远距离区域，以执行精确的靶标识别或捕获具有更高细节精度的更小区域。

5. Laser-HDR 图像创建

SCENE 2019 中新的激光高动态范围（Laser-HDR）功能通过图像创建选项扩展了传统的扫描仪 HDR 功能，允许实现类似的 HDR 结果。

6. 导出高分辨率全景图像

SCENE 可以从低分辨率扫描中输出高分辨率全景图像。

7. 虚拟现实查看器

虚拟现实功能允许详细查看项目点云。用户可以选择使用虚拟现实设备，在室内体验和探索现场细节。

8. 实时现场配准

SCENE 2019 增加了实时现场配准功能，能够实时地处理、配准并将三维数据无线传输至现场的移动设备或计算机。

9. 扫描仪控制任务

通过 SCENE 用户界面以无线方式直接连接至移动设备，用户现在可以远程控制

FARO FocusS 或 FocusM 激光扫描仪。

10. 概览图

允许为概览图的视图设置背景颜色、扫描点颜色和突出显示颜色。概览图现在可以在 SCENE 中用作布局图，因此，也可以作为分层图导出。

11. 高级过滤

多种高级过滤选项（如边缘伪影和项目点云过滤器）改进了每个数据集的清洁度和色彩平衡。

12. 三维网格化

SCENE 三维网格引擎可从三维选择器或裁剪框中创建扫描对象表面的细节丰富的水密网格。平滑选项可降低测量噪点和创建纹理平滑的网格。支持的网格格式包括 *.stl、*.obj、*.ply 和 *.wrl（VRML）。

13. 三维立体表面绘制功能

立体表面绘制引擎能够高速显示数量巨大的扫描点。

14. HDR 映射

在光照条件较差的情况下，全自动 HDR 映射功能将图像细节和色貌保存在扫描数据中。

15. 创建正射图像

校准画面时，用户可以利用正射影像功能来创建正射图像。另外，用户还可以通过常见图像格式导出 X 射线模式的二维图像和二维 / 三维 *.dxf 文件。

16. WebShare Cloud 集成

利用适用的过滤功能，将扫描数据、剖面图和完整的项目点云直接上传至 WebShare Cloud，创建三维可视化数据。

Geomagic Wrap 是一款 3D 扫描分析软件，通过它可以帮助用户在计算机中将 3D 扫描数据转换为 3D 模型，还能将其数据或导入的 *.STL、*.OBJ、*.SAT、*.PRC、*.VDA 等文件格式内容转换为模型以供使用。同时该软件能够帮助用户从点云转换成可立即使用的 3D 多边形和曲面模型。

二、纹理处理工具

纹理处理工具可简化涉及颜色与纹理的工作流程。Geomagic Wrap 包含一套纹理贴图处理工具，可控制模型上的自定义纹理分组。

三、高清面片构建

高清面片构建方法为从点云构建多边形对象提供了一种解决方法。对于缺乏信息或需要大量数据集的扫描，这可能是一项特别具有挑战性的操作。高清面片构建有助于克服这些挑战，从而更快地创建封闭面片。

四、检查 / 分析工具

分析功能有助于保留对象之间的 3D 比较模型，以便验证和检查流程。在比较中使用新的注释，以进一步研究模型区域。

五、点云数据处理案例

通过软件将点云数据导出模型和纹理，可以在 Maya、3ds Max 等软件中进行进一步设计制作，步骤为：

1. 文件 / 另存为。
2. 在弹出的对话框中选择 OBJ 格式后点击保存。
3. 菜单栏中找到工具里面的生成纹理。
4. 在弹出的对话框中可以设置纹理的大小，设置完毕后点击应用，等待计算。
5. 完成之后点击确定，生成纹理。
6. 在菜单栏中找到工具选项里面的管理纹理，点击。
7. 在弹出的对话框中就可以预览模型的纹理信息，点击保存按钮。
8. 在弹出的对话框中选择纹理的存储路径、名称和格式，点击确定。

这时候可以在保存的路径里面找到纹理贴图。

思考题

1. 什么是点云数据？
2. VR 全景相机与普通数码相机的区别是什么？
3. 移动测绘系统由哪两部分组成？
4. VR 全景视频有什么特征？
5. 简述点云数据的处理流程。
6. 三维数据编辑常见的文件格式有哪些？

第二章 制作三维模型

多边形建模，是三维软件最主流的建模方法之一，用这种方法创建的物体表面由多边形面片组成。首先使一个对象转化为可编辑的多边形对象，然后通过对该多边形对象的各种子对象进行编辑和修改来实现建模过程。这项技术在室内设计、游戏、影视和虚拟现实等领域使用十分频繁。多边形建模对把握复杂的角色结构、表现复杂空间有其独到的优势。

本章从基础操作、建模工具、实际案例等方向出发，介绍了企业项目中常用的三维模型制作方式，是虚拟现实项目的重要组成部分。

- **职业技能：**掌握虚拟现实模型制作软件使用技能。
- **工作内容：**通过对三维模型基础概念及软件工具的理解，结合多边形模型制作案例，能够掌握虚拟现实模型设计与制作的核心技能。
- **专业能力要求：**了解三维模型基础原理，能够使用三维软件制作多边形模型。熟悉各项多边形建模工具的使用方式。熟练制作虚拟现实项目典型案例中的三维模型。
- **相关知识要求：**三维软件的基础操作；三维模型设计与制作。

第一节　创建基本几何体

考核知识点及能力要求：

- 了解三维模型制作的背景知识。
- 了解三维模型制作的基础概念。
- 了解三维建模软件工具的基础使用方法。
- 了解多边形对象的创建及调整方法。

俗话说“工欲善其事必先利其器”，三维建模软件是制作三维模型必备的工具之一，故选择一款适用的软件对于模型制作相关岗位从业人员而言意义重大。高质量的虚拟现实软件产品离不开优质的三维模型，而制作好的三维模型作品不但依靠自身技能水平，也有赖于三维软件的各种功能。本节在正式学习制作三维模型之前，先介绍市面上常见的三维建模软件，以供读者们依据自身需求选择对应软件。

1. Maya

Autodesk Maya 是美国 Autodesk 公司出品的三维动画软件，应用对象是专业的影视广告、角色动画、电影特技、虚拟现实等。Autodesk Maya 被广泛应用于三维设计行业，拥有一系列相关工具和功能。Maya 擅长建模、纹理、灯光和渲染，具有粒子、头发、实体物理、布料、流体模拟和角色动画等功能。Maya 拥有非常庞大的知识体系和架构，不同模块的知识体系可以对应不同的职位分配，譬如建模师、动画师、绑定师等。

2. 酷家乐

酷家乐是一款国产 3D 设计平台，整体更倾向于 VR 室内设计方向的内容。酷家乐致力于云渲染、云设计、BIM、VR、AR、AI 等技术的研发，实现“所见即所得”的全景 VR 设计装修新模式。平台集成了大量的三维模型素材和案例，可以快速生成效果图和 VR 方案。

3. Cinema 4D

Cinema 4D 简称 C4D，是一款易于上手的 3D 软件。它有着丰富而强大的预置素材库和高自由度的操作方式，能够辅助用户便捷高效地完成工作。C4D 兼容多款渲染器，这也是它广泛应用于影视后期、用户界面绘制、平面设计、虚拟现实场景搭建等岗位的原因。

4. 3ds Max

3ds Max 是由 Discreet 公司开发（后被 Autodesk 公司合并）基于 PC 系统的三维动画渲染和制作软件。其前身是基于 DOS 操作系统的 3D Studio 系列软件，因此，3ds Max 与 Windows 系统的适配度非常高。3ds Max 用于建模的工具集十分完备，同时具有流体模拟、毛发，以及角色操纵和动画等功能。它直接的操作、程序建模技术和庞大的修改器库，使建模过程更加便捷。

5. ZBrush

ZBrush 是一款行业领先的三维数字雕刻软件，它由 Pixologic 开发，兼有 2D 软件的简易操作性和 3D 软件的强大功能，于 2009 年正式面向 PC 和 Mac 发布。ZBrush 与其他三维软件的不同之处在于，它模仿了传统的雕刻技术，在计算机上以数字方式完成雕刻工作，就像手工制作一样对三维模型进行塑形。由于 ZBrush 的高面数支持能力和雕刻细节表现能力，它也常用于 3D 打印领域。

市面上有多款三维软件，它们有着不同的优势和特点，在此不一一赘述。掌握一款三维软件是虚拟现实工程技术人员内容设计职业方向必备的技能之一。三维软件的学习殊途同归，掌握某一款功能齐全的三维软件即可完成绝大部分的项目需求。本章选用某型通用软件作为讲解工具。

一、多边形建模概述

多边形由顶点和连接它们的边来定义，多边形的内部区域称为面，这些要素的命令编辑就构成了多边形建模技术。多边形建模是当前非常流行的一种建模方式，用户通过对多边形的顶点、边以及面进行编辑可以得到精美的三维模型，这项技术被广泛用于电影、游戏、虚拟现实等动画模型的开发制作。

多边形建模技术与曲面建模技术差异明显。曲面模型有严格的 UV 走向，编辑起来略微麻烦。而多边形模型由于是三维空间里的多个顶点相互连接而成的一种立体拓扑结构，所以编辑起来非常自由。在某型软件中使用“建模工具包”面板，用户可以利用这些多边形编辑命令完成模型的制作。

二、创建多边形对象

该软件为用户提供了多种多边形基本几何体的创建按钮，在“多边形建模”工具架上可以找到这些按钮图标，如图 2–1 所示。

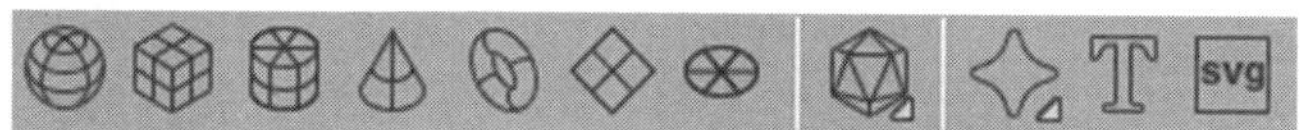

图 2–1　多边形建模工具

常用工具解析：

- 多边形球体：创建多边形球体。
- 多边形立方体：创建多边形立方体。
- 多边形圆柱体：创建多边形圆柱体。
- 多边形圆锥体：创建多边形圆锥体。
- 多边形平面：创建多边形平面。
- 多边形圆环：创建多边形圆环。
- 多边形圆盘：创建多边形圆盘。
- 柏拉图多面体：创建柏拉图多面体。
- 超形状：创建超形状。

- 多边形类型：创建多边形文字模型。
- SVG：使用剪贴板中的可扩展向量图形或导入的 SVG 文件来创建多边形模型。

此外，还可以按住 Shift 键，单击鼠标右键，在弹出的菜单中找到创建多边形对象的相关命令，如图 2–2 所示。

更多的创建多边形的命令可以在菜单“创建”|“多边形基本体”中找到，如图 2–3 所示。

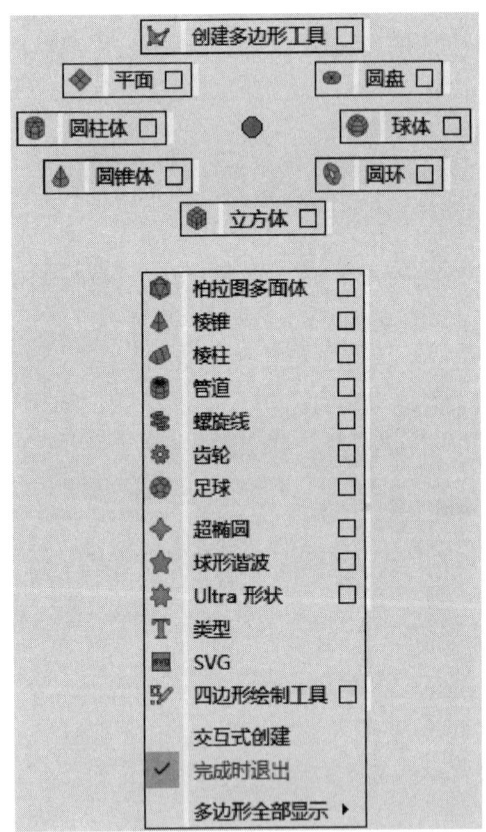

图 2–2　创建多边形命令菜单

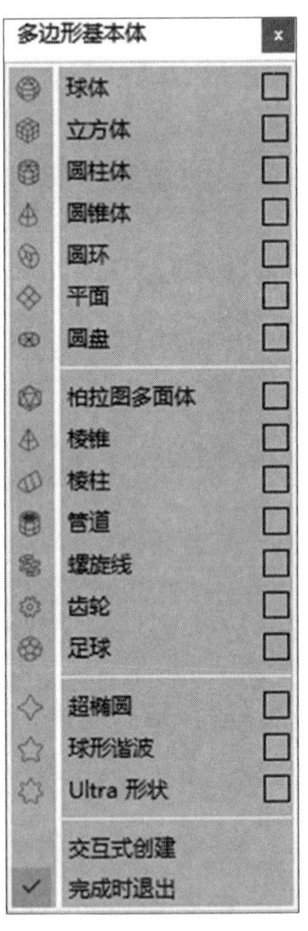

图 2–3　多边形基本体命令菜单

三、多边形球体

在“多边形建模”工具架上单击“多边形球体”图标，即可在场景中创建多个多边形球体模型。

在“属性编辑器”面板里的 polySphere1 选项卡中，展开“多边形球体历史”卷展栏，可以看到多边形球体的命令参数，如图 2-4 所示。

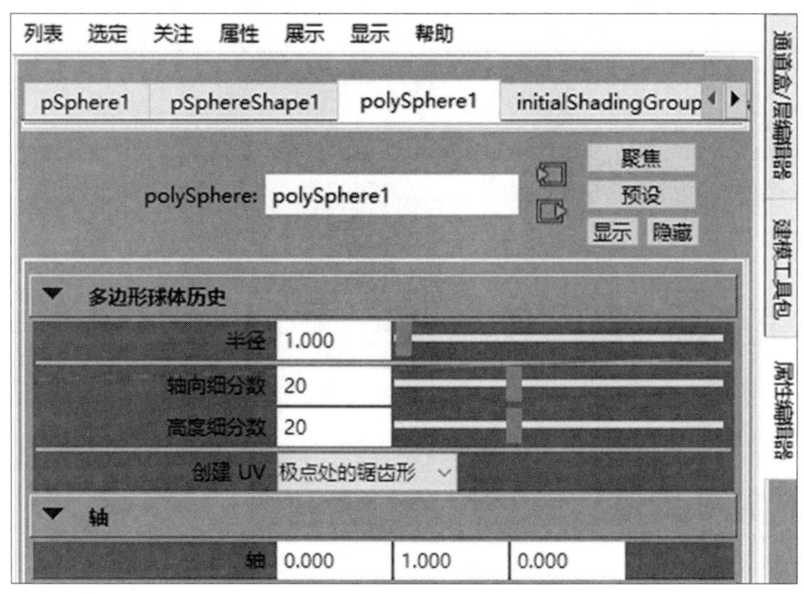

图 2-4　多边形球体属性编辑器

常用参数解析：

- 半径：控制多边形球体的半径大小。
- 轴向细分数：设置多边形球体轴向上的细分段数。
- 高度细分数：设置多边形球体高度上的细分段数。

四、多边形立方体

在“多边形建模”工具架上单击“多边形立方体”图标，即可在场景中创建一个多边形长方体模型。

在其“属性编辑器”中展开“多边形立方体历史”卷展栏，可以看到多边形立方体的命令参数，如图 2-5 所示。

常用参数解析：

- 宽度：设置多边形立方体的宽度。
- 高度：设置多边形立方体的高度。

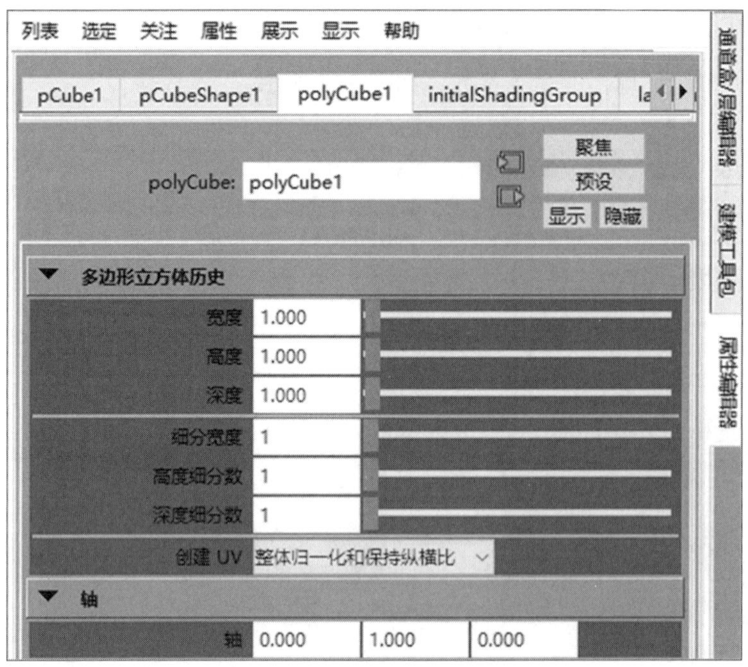

图 2–5　多边形立方体属性编辑器

- 深度：设置多边形立方体的深度。
- 细分宽度：设置多边形立方体的宽度上的分段数量。
- 高度细分数：设置多边形立方体的高度上的分段数量。
- 深度细分数：设置多边形立方体的深度上的分段数量。

五、多边形圆柱体

在“多边形建模”工具架上单击“多边形圆柱体”图标，即可在场景中创建一个多边形圆柱体模型。

在其“属性编辑器”中，展开“多边形圆柱体历史”卷展栏，可以看到多边形圆柱体的命令参数，如图 2–6 所示。

常用参数解析：

- 半径：设置多边形圆柱体的半径大小。
- 高度：设置多边形圆柱体的高度值。
- 轴向细分数：设置多边形圆柱体的轴向分段数值。

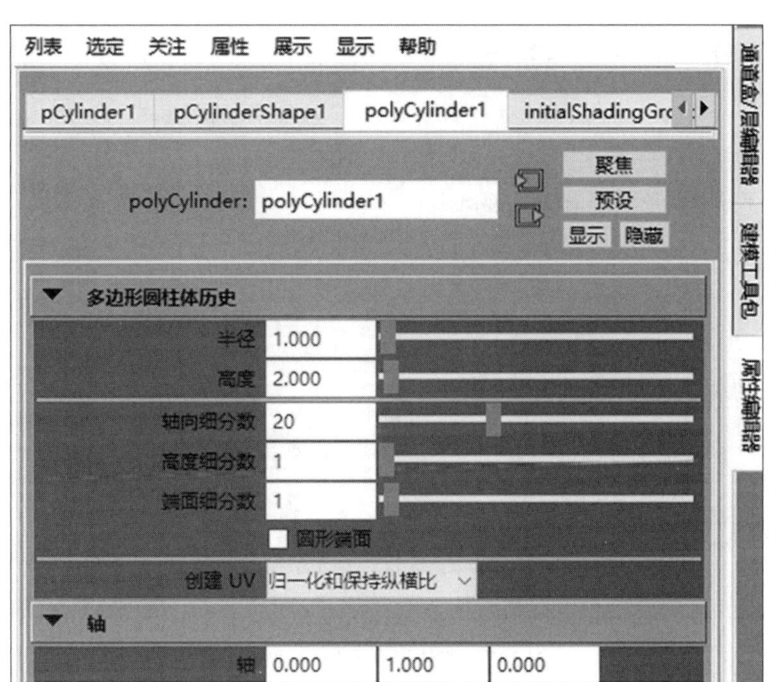

图 2–6　多边形圆柱体属性编辑器

- 高度细分数：设置多边形圆柱体的高度分段数值。
- 端面细分数：设置多边形圆柱体的端面分段数值。

六、多边形平面

在“多边形建模”工具架上单击“多边形平面”图标，即可在场景中创建一个多边形平面模型。

在其“属性编辑器”中展开“多边形平面历史”卷展栏，可以看到多边形平面的命令参数，如图 2–7 所示。

常用参数解析：

- 宽度：设置多边形平面的宽度值。
- 高度：设置多边形平面的高度值。
- 细分宽度：设置多边形平面的宽度分段数值。
- 高度细分数：设置多边形平面的高度分段数值。

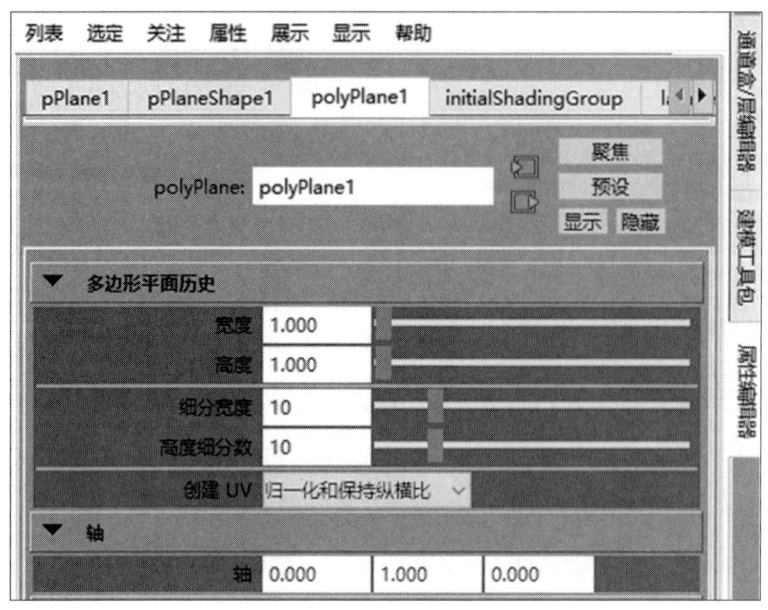

图 2–7 多边形平面属性编辑器

七、多边形管道

在“多边形建模”工具架上右击“柏拉图多面体”图标，在弹出的菜单中执行“管道”命令，即可在场景中创建一个多边形管道模型。

在其“属性编辑器”中，展开“多边形管道历史”卷展栏，可以看到多边形管道的命令参数，如图 2–8 所示。

常用参数解析：

- 半径：设置多边形管道的半径大小。
- 高度：设置多边形管道的高度值。
- 厚度：设置多边形管道的厚度值。
- 轴向细分数：设置多边形管道的轴向分段数值。
- 高度细分数：设置多边形管道的高度分段数值。
- 端面细分数：设置多边形管道的端面分段数值。

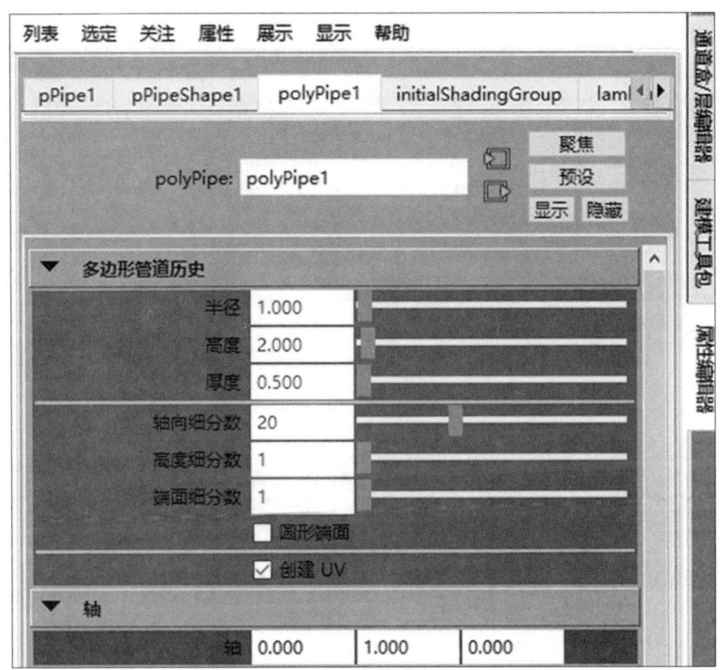

图 2–8　多边形管道属性编辑器

八、多边形类型

使用该软件的“多边形类型”工具可以在场景中快速创建出多边形文本模型。在“属性编辑器”中找到 type1 选项卡，即可看到“多边形类型”工具的设置参数，如图 2–9 所示。

常用参数解析：

- “选择字体和样式”列表：在该下拉列表中，用户可以更改文字的字体及样式。
- “选择写入系统”列表：在该下拉列表中，可以更改文字语言。
- “输入一些类型”文本框：该文本框中允许用户随意更改输入的文字。

1.“文本”选项卡

“文本”选项卡中的命令参数如图 2–10 所示。

常用参数解析：

- 对齐：该软件为用户提供了“类型左对齐”“中心类型”“类型右对齐”三种对齐方式。

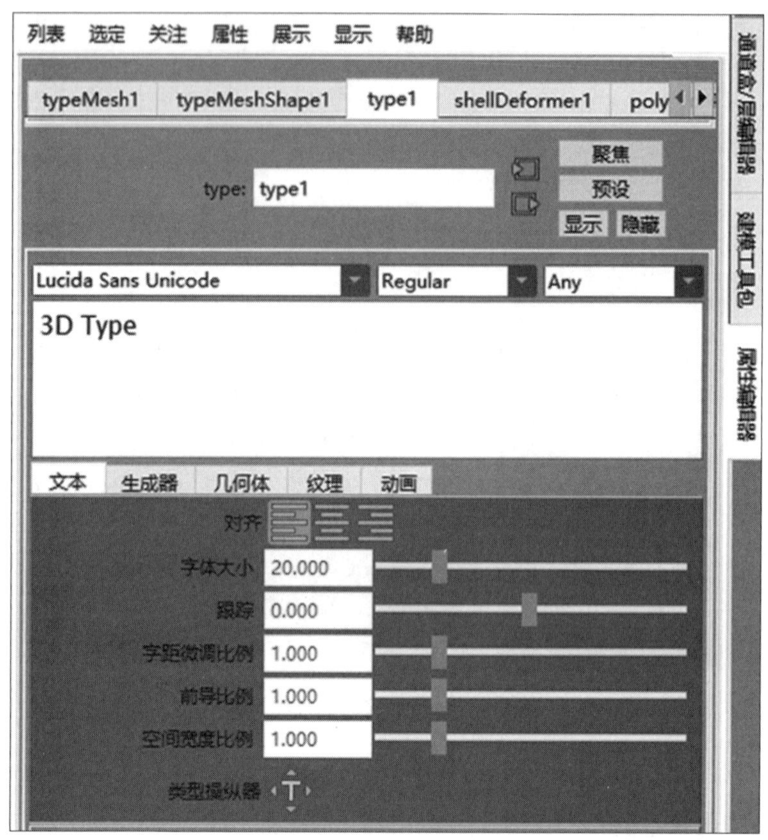

图 2–9 多边形类型属性编辑器

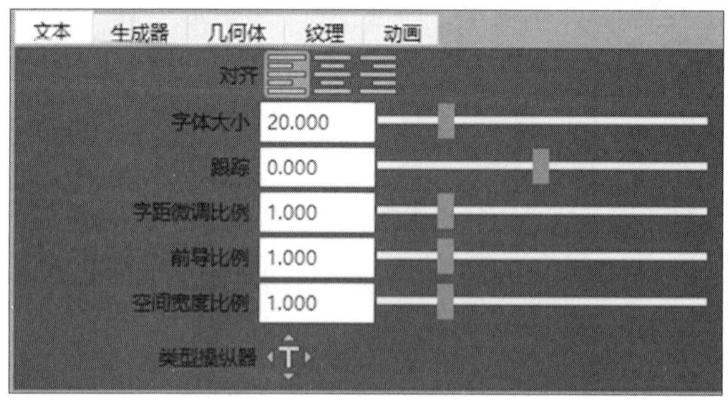

图 2–10 “文本”选项卡

- 字体大小：设置字体的大小。
- 跟踪：根据相同的方形边界框均匀地调整所有字母之间的水平间距。
- 字距微调比例：根据每个字母的特定形状均匀地调整所有字母之间的水平间距。

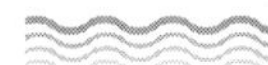

- 前导比例：均匀地调整所有线之间的垂直间距。
- 空间宽度比例：调整手动空间的宽度。

2.“几何体”选项卡

“几何体”选项卡中主要有“网格设置”“挤出”“倒角”这三个卷展栏，如图 2–11 所示。

图 2–11　“几何体”选项卡

（1）“网格设置”卷展栏

展开“网格设置”卷展栏，可以看到其中还细分出一个“可变形类型”卷展栏，其中的命令参数设置如图 2–12 所示。

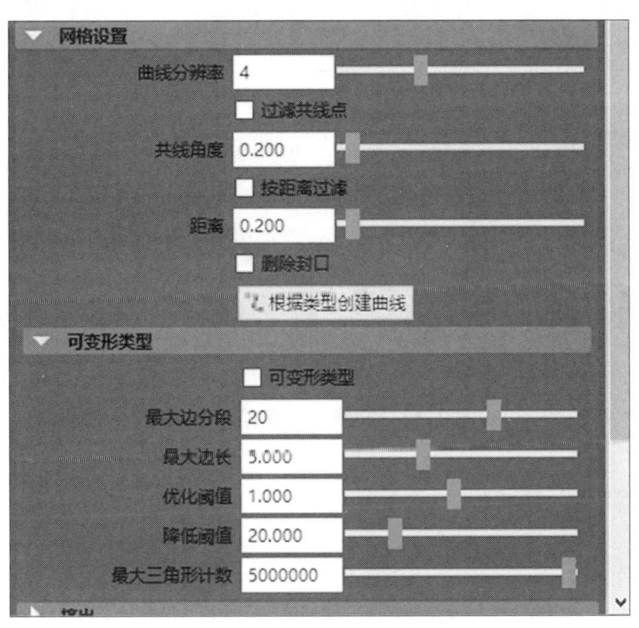

图 2–12　“网格设置”和“可变形类型”卷展栏

常用参数解析：

- 曲线分辨率：指定每个文字平滑部分处的边数。图 2–13 所示分别为“曲线分辨率”值是 1 和 6 的模型显示结果。

- 过滤共线点：移除位于由“共线角度”所指定容差内的共线顶点，其中相邻顶点位于沿网格宽度或高度方向的同一条边。
- 共线角度：指定启用“过滤共线点”后，某个顶点视为与相邻顶点共线时所处的容差角度。
- 按距离过滤：移除位于由“距离”属性所指定的某一距离内的顶点。
- 距离：指定启用“按距离过滤”后，移除顶点所依据的距离。
- 删除封口：移除多边形网格前后的面。
- 根据类型创建曲线：根据当前类型网格的封口边创建一组 NURBS 曲线。

图 2–13　曲线分辨率差异对比

（2）“可变形类型”卷展栏

常用参数解析：

- 可变形类型：根据“可变形类型”卷展栏中的属性，通过边分割和收拢操作三角形化网格。勾选该复选项前后的模型布线结果对比如图 2–14 所示。
- 最大边分段：指定可以按顶点拆分边的最大次数。
- 最大边长：沿类型网格的剖面分割所有长于此处以世界单位指定的长度的边。

图 2–14　可变形类型效果

• 优化阈值：分割类型网格正面和背面所有长于此处以世界单位指定的长度的边。主要用于控制端面细分的密度。图 2–15 所示为“优化阈值”值分别是 0.5 和 1.3 时的模型布线结果对比。

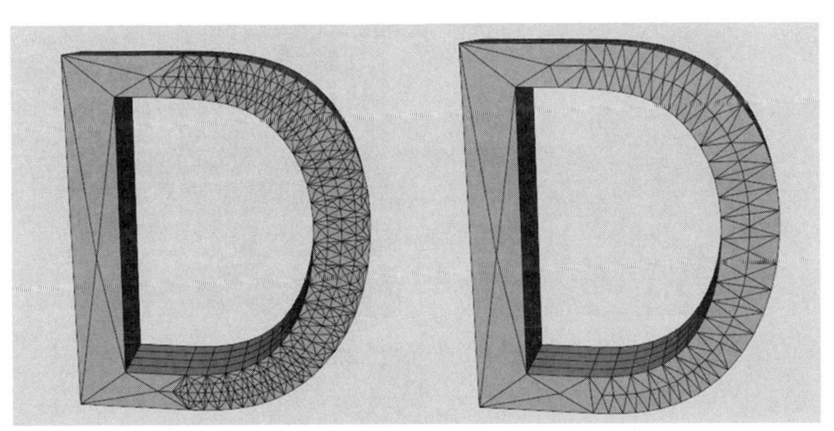

图 2–15　优化阈值效果对比

• 降低阈值：收拢所有短于此处指定的“优化阈值”百分比的边，主要用于清理端面细分。图 2–16 所示分别是“降低阈值”值是 5 和 100 的模型布线结果对比。

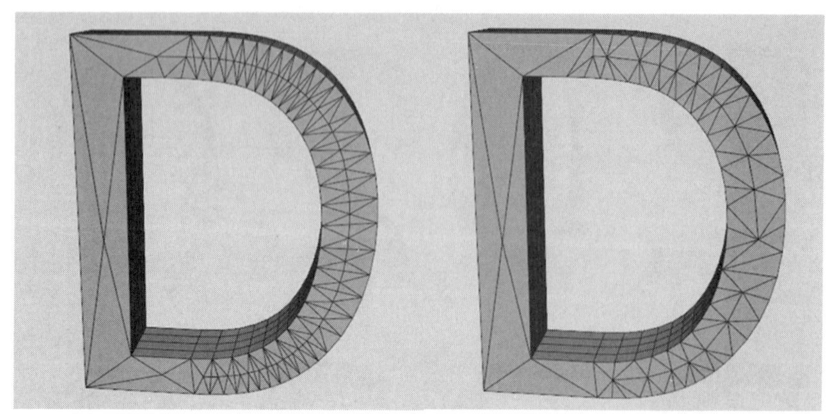

图 2–16　降低阈值效果对比

- 最大三角形计数：限制生成的网格中允许的三角形数。

（3）“挤出”卷展栏

展开“挤出”卷展栏，其中的命令参数如图 2–17 所示。

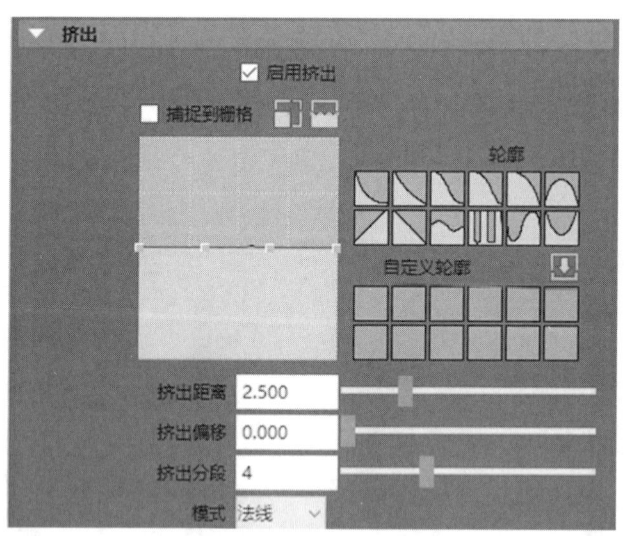

图 2–17　“挤出”卷展栏

常用参数解析：

- 启用挤出：启用时，文字向前挤出以增加深度，否则保持为平面。默认设置为启用。

- 捕捉到栅格：启用时，“挤出剖面曲线”中的控制点捕捉到经过的图形点。

- 轮廓：该软件为用户提供了 12 个预设图形来控制挤出的形状，如图 2–18 所示。
- 自定义轮廓：该软件最多允许用户保存 12 个自定义“挤出剖面曲线”形状。
- 挤出距离：控制挤出多边形的距离。
- 挤出偏移：设置网格挤出偏移。
- 挤出分段：控制沿挤出面的细分数。

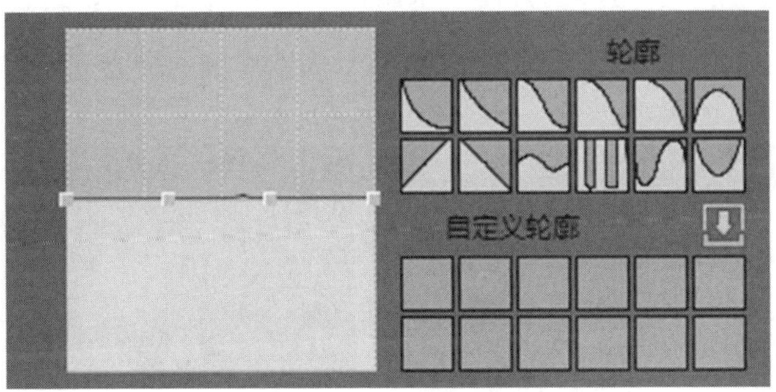

图 2–18　挤出预设图形

（4）“倒角”卷展栏

展开“倒角”卷展栏，可以看到其中还细分出一个“倒角剖面”卷展栏，其中的命令参数如图 2–19 所示。

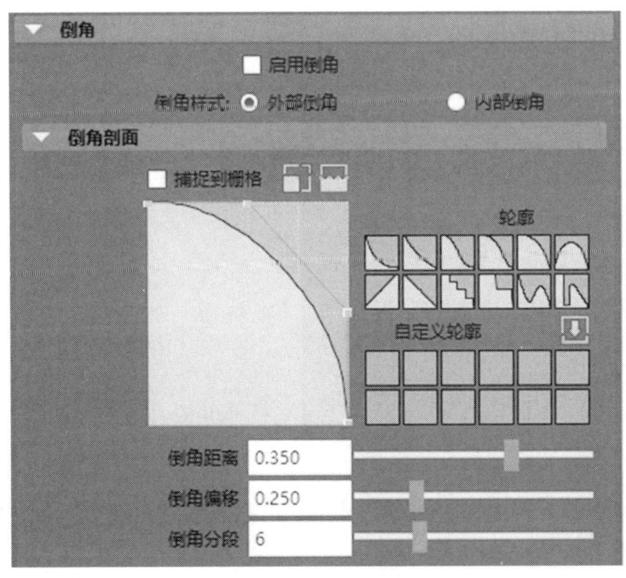

图 2–19　“倒角”卷展栏

常用参数解析：

- 倒角样式：确定要应用的倒角类型

技巧提示：“倒角剖面”卷展栏中的命令与“挤出”卷展栏的命令非常相似，故不再重复讲解。

【**例 2–1**】制作椅子模型

本例中，将使用“多边形立方体”来制作一把椅子的模型，过程中需要读者把握好椅子模型结构之间的比例关系，图 2–20 所示为本实例的最终完成效果。

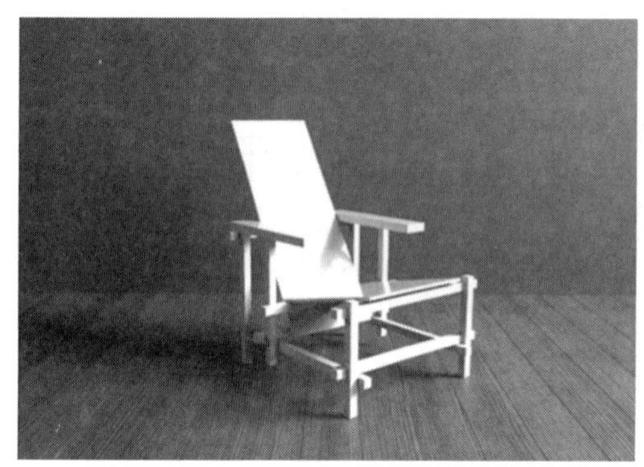
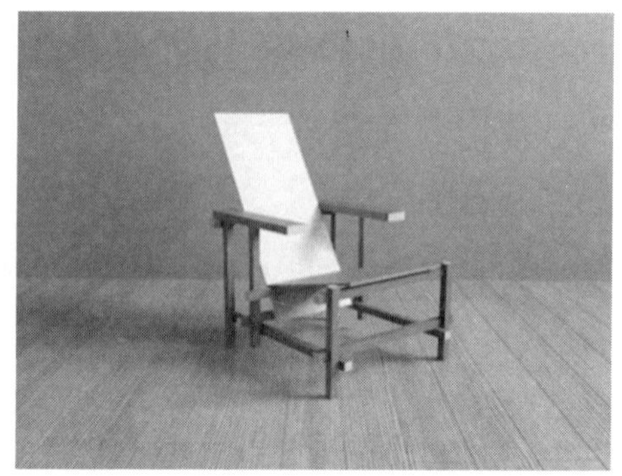

图 2–20　椅子实例效果

1. 启动软件，在场景中创建出一个多边形立方体，如图 2–21 所示。

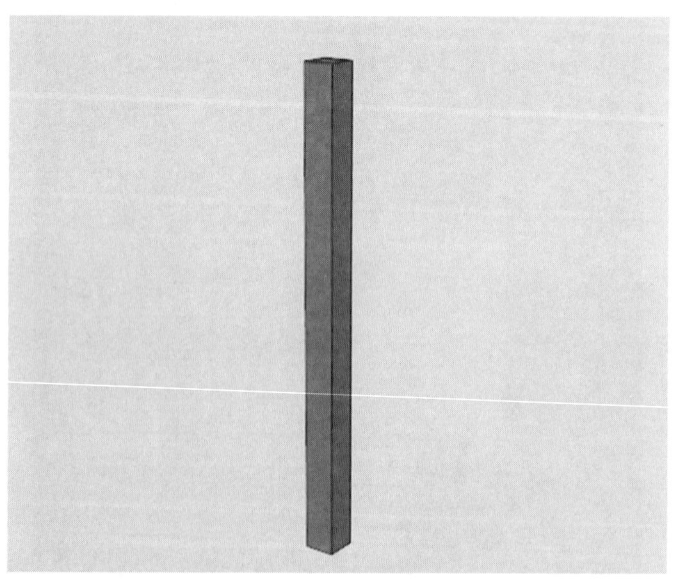

图 2–21　创建多边形立方体

2. 选择创建出来的长方体模型，按下快捷键 Ctrl+D，复制出一个长方体模型，并调整其位置至图 2–22 所示。

图 2–22　复制多边形立方体

3. 按住鼠标右键，在弹出的菜单中执行“顶点”命令，调整长方体模型的顶点位置至图 2–23 所示。

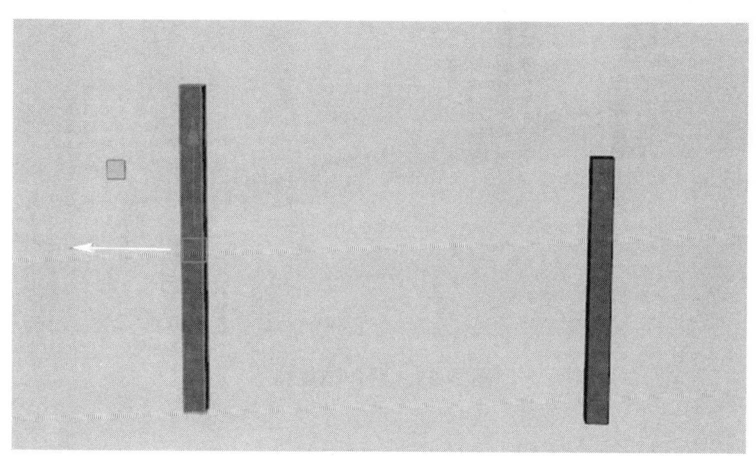

图 2–23　调整顶点

4. 选择场景中新复制出来的长方体模型，对其进行复制，并调整其位置至图 2–24 所示。

5. 以相同的方式再次复制一个长方体模型，沿 *Z* 轴旋转 90°，并调整其位置至图 2–25 所示。

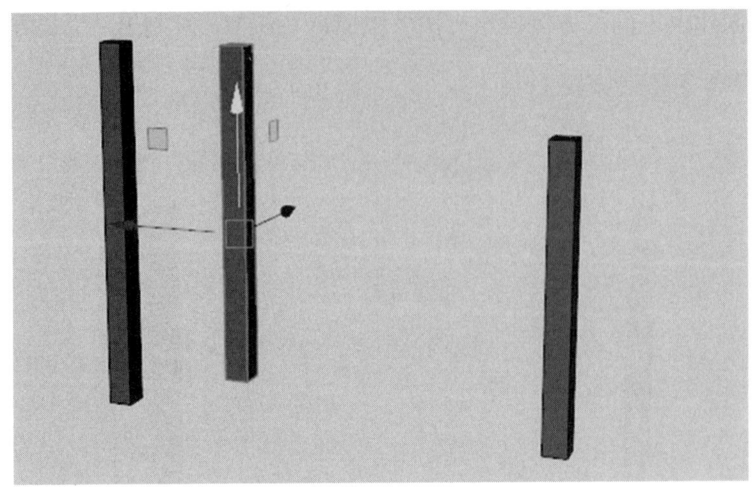

图 2–24　复制长方体

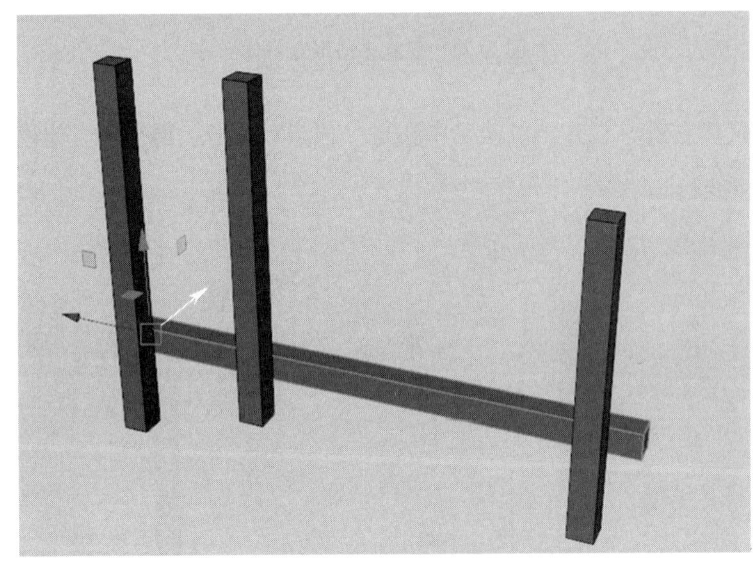

图 2–25　沿 Z 轴复制

6. 重复以上操作步骤，制作出椅子的支撑结构，如图 2–26 所示。

7. 将场景中的任意长方体模型复制出一个，并调整其位置制作出椅子的扶手结构。

8. 将制作好的扶手模型复制出一个，制作出椅子模型另一侧的扶手结构。

9. 在场景中再次创建一个长方体模型，并调整其大小和位置，制作出椅子的座面结构。

10. 以相似的步骤制作出椅子的靠背结构。

图 2–26　支撑结构

11. 选择场景中的所有长方体模型，单击“多边形建模”工具架上的“结合”图标，即可将构成椅子模型的多个长方体模型组合为一个整体。

12. 选择椅子模型，执行菜单栏“编辑”“按类型删除 / 历史”命令，可以删除使用“结合”命令在“大纲视图”中生成的大量节点信息。

13. 本实例制作完成后的椅子模型效果如图 2–27 所示。

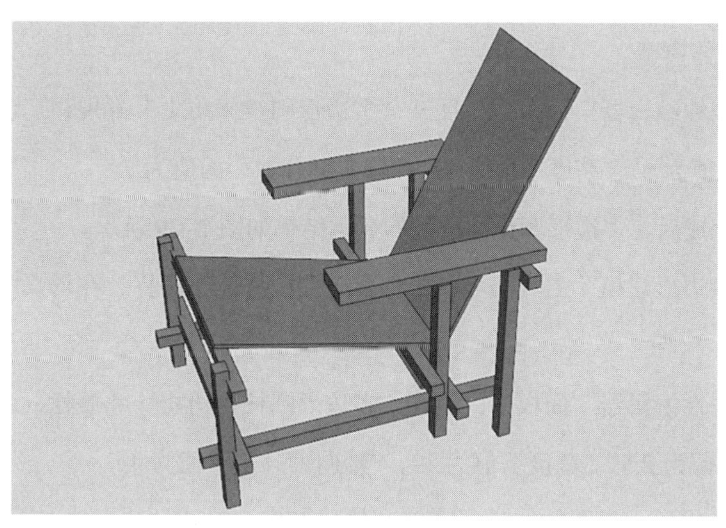

图 2–27　模型完成

技巧与提示：对场景中的多个模型使用“结合”命令后，将会在“大纲视图”中生成许多节点信息。随着场景中模型的不断增加，如果不及时清理“大纲视图”，会使得“大纲视图”看起来非常混乱，不利于接下来的工作。

【例 2–2】制作石膏模型

本例中，将使用“多边形建模”工具架中的图标来制作一组石膏模型，图 2–28 所示为本实例的最终完成效果。

图 2–28 石膏模型效果

1. 启动软件，单击“多边形建模”工具架中的“多边形圆锥体”图标，在场景中创建一个圆锥体模型。

2. 在“属性编辑器”面板中，展开“多边形圆锥体历史”卷展栏，设置圆锥体模型的“半径”值为 6，“高度”值为 12，“轴向细分数”的值为 7。

3. 设置完成后，多边形圆锥体模型的显示结果如图 2–29 所示。

4. 在“多边形建模”工具架上单击“多边形圆柱体”图标，在场景中创建一个圆柱体模型。

5. 在“属性编辑器”面板中，展开“多边形圆柱体历史”卷展栏，设置圆柱体模型的“半径”值为 2.5，“高度”值为 12，“轴向细分数”值为 4。

6. 设置完成后，对圆柱体进行旋转和位移操作，将圆柱体摆放在图 2–30 所示位置处，制作出十字锥长方柱模型。

7. 在“多边形建模”工具架上单击“多边形圆柱体”图标，在场景中再次创建一个圆柱体模型。

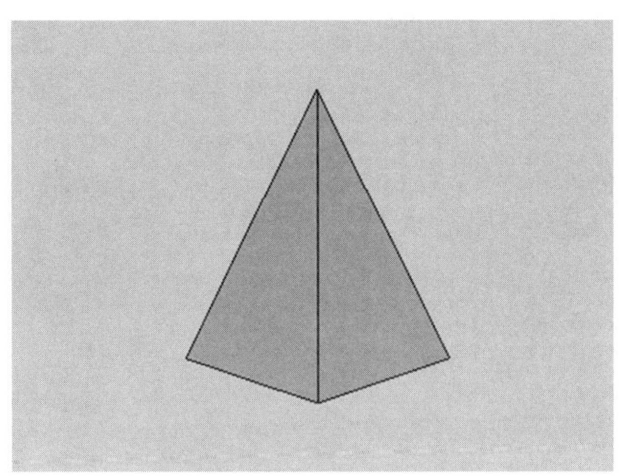

图 2–29　多边形圆锥体设置结果

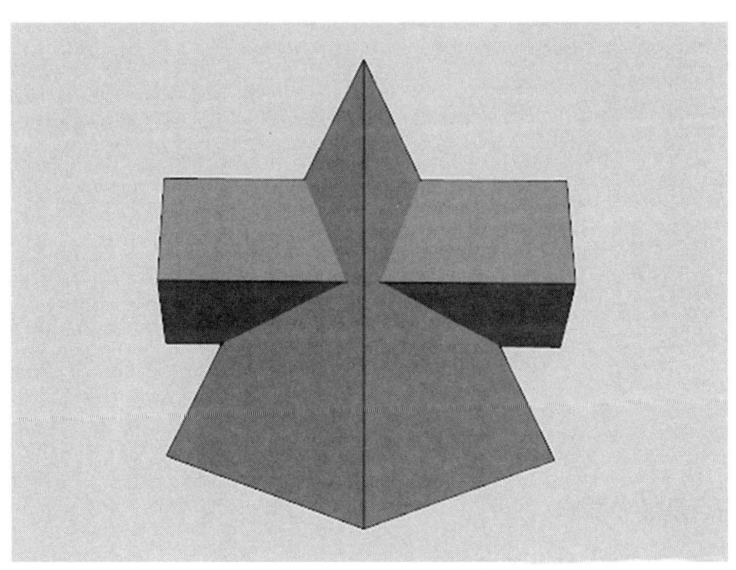

图 2–30　十字锥长方柱

8. 在“属性编辑器”面板中，展开“多边形圆柱体历史”卷展栏，设置圆柱体模型的“半径”值为 2.5，“高度”值为 10，“轴向细分数”的值为 6。

9. 设置完成后，一个六面柱石膏模型就制作完成了。

10. 对六面柱石膏模型进行旋转和位移操作，制作完成后的石膏模型效果如图 2–31 所示。

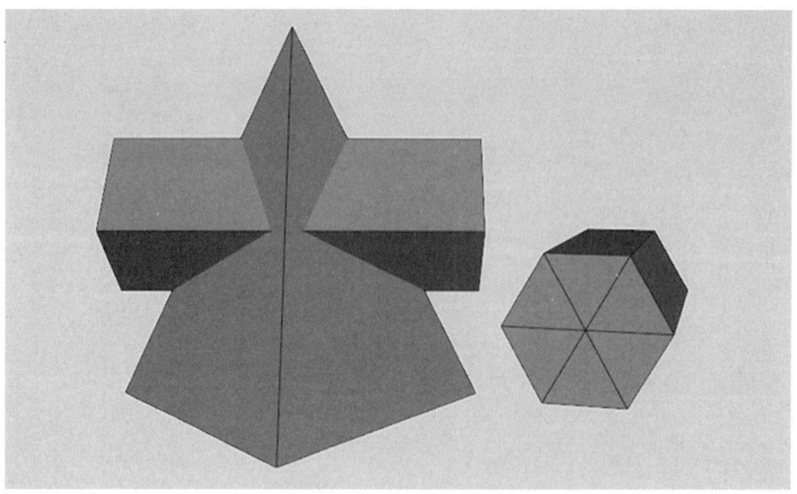

图 2-31　完成效果

第二节　样条线工具

考核知识点及能力要求：

- 了解曲线工具的基础使用方法。
- 了解曲面建模工具的使用方法。

曲面建模，也叫作 NURBS 建模，是一种基于几何基本体和绘制曲线的 3D 建模方式。其中，NURBS 是英文 Non-Uniform Rational B-Spline（非均匀有理 B 样条线）的缩写。通过软件中“曲线 / 曲面”工具架中的工具集合，用户有两种方式可以创建曲面模型。一是通过创建曲线的方式来构建曲面的基本轮廓，并配以相应的命令来生成模

型；二是通过创建曲面基本体的方式来绘制简单的三维对象，然后再使用相应的工具修改其形状来获得想要的几何形体。

由于 NURBS 用于构建曲面的曲线具有自动平滑特性，因此它对于构建各种 3D 形状十分有用。NURBS 曲面模型广泛运用于动画、游戏、科学可视化和工业设计领域。使用曲面建模可以制作出任何形状的、精度非常高的三维模型，这一优势使得曲面建模慢慢成为一个广泛应用于工业建模领域的标准。这一建模方式也非常容易学习及使用，用户通过较少的控制点即可得到复杂的流线型几何形体。

一、曲线工具

该软件提供了多种曲线工具为用户使用，一些常用的跟曲线有关的工具可以在“曲线 / 曲面”工具架上找到，如图 2–32 所示。

图 2–32　“曲线 / 曲面”工具架

（一）NURBS 圆形

在“曲线 / 曲面”工具架中，单击“NURBS 圆形”图标，即可在场景中生成一个圆形图形。

默认状态下，该软件是关闭用户“交互式创建”命令的，如需开启此命令，需要执行“创建”“NURBS 基本体”“交互式创建”命令，如图 2–33 所示。这样就可以在场景中以绘制的方式来创建“NURBS 圆形”图形了。

在“属性编辑器”面板中，进入 makeNurbCircle1 选项卡，在“圆形历史”卷展栏中，可以看到 NURBS 图形的相关参数。

常用参数解析：

- 扫描：用于设置 NURBS 圆形的弧长范围，最大值为 360，为一个圆形；较小的值则可以得到一段圆弧。
- 半径：用于设置 NURBS 圆形的半径大小。

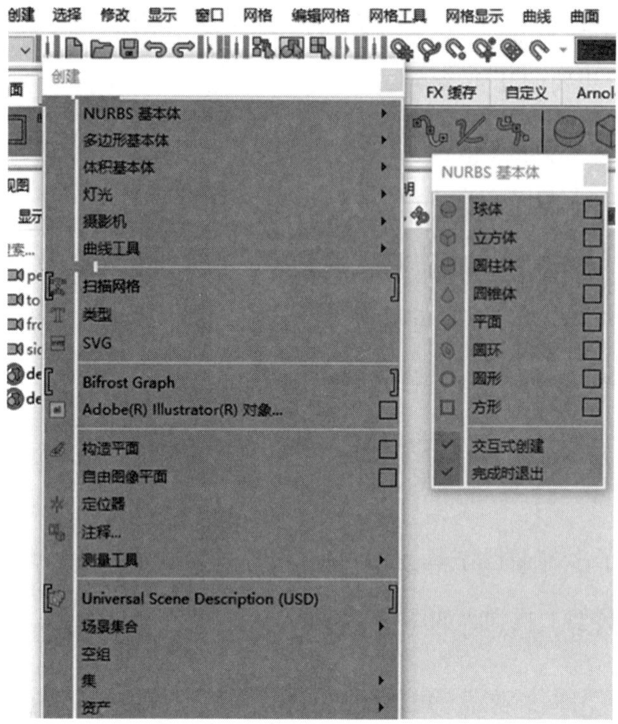

图 2–33　交互式创建

- 次数：用于设置 NURBS 圆形的显示方式，有“线性”和“立方”两种选项可选。
- 分段数：当 NURBS 圆形的“次数”设置为“线性”时，NURBS 圆形显示为一个多边形，通过设置“分段数”即可设置边数。

技巧与提示：“分段数”最小值可以设置为 1，但是此值无论是 1 还是 2，其图形显示结果均和 3 相同。另外，创建出来的“NURBS 圆形”对象，当其“属性编辑器”中没有 makeNurbCircle1 选项卡时，可以单击图标，打开“构建历史”功能后，再重新创建 NURBS 圆形，这样其“属性编辑器”面板中就会有该选项卡了。

（二）NURBS 方形

在“曲线 / 曲面”工具架中，单击“NURBS 方形”图标，即可在场景中创建一个方形图形。

在“大纲视图”中，可以看到 NURBS 方形实际上为一个包含了 4 条曲线的组合。NURBS 方形创建完成后，在默认状态下，鼠标选择的是这个组合的名称，所以此时展开“属性编辑器”后，只有一个 nurbsSquare1 选项卡。

在场景中选择构成 NURBS 方形的任意一条边线，在“属性编辑器”面板中找到 makeNurbsSquare1 选项卡，展开“方形历史”卷展栏，通过修改该卷展栏的相应参数即可更改 NURBS 方形的大小。

常见参数解析：

- 侧面长度 1/ 侧面长度 2：分别用来调整 NURBS 方形的长度和宽度。

（三）EP 曲线工具

在“曲线 / 曲面”工具架中，单击“EP 曲线工具”图标，即可在场景中以鼠标单击创建编辑点的方式来绘制曲线，绘制完成后，需要按下回车键来结束曲线绘制操作。

绘制完成后，在曲线上右击并在弹出的命令中选择“控制顶点”或“编辑点”层级，可以进行曲线的修改操作。在“控制顶点”层级中，可以通过更改曲线的控制顶点位置来改变曲线的弧度。在“编辑点”层级中，可以通过更改曲线的编辑点位置来改变曲线的形状。在创建 EP 曲线前，还可以在工具架上双击“EP 曲线工具”图标，打开“工具设置”窗口。

常用参数解析：

- 曲线次数：值越高，曲线越平滑。默认设置为“3 立方”适用于大多数曲线。
- 结间距：指定该软件如何将 U 位置值指定给结。

（四）三点圆弧

在“曲线 / 曲面”工具架中，单击“三点圆弧”图标，即可在场景中以鼠标单击创建编辑点的方式来绘制圆弧曲线，绘制完成后，需要按下回车键来结束曲线绘制操作。

（五）Bezier 曲线工具

在“曲线 / 曲面”工具架中，单击“Bezier 曲线工具”图标，即可在场景中以鼠标单击或拖动的方式来绘制曲线，绘制完成后，需要按下回车键来结束曲线的绘制操作，这一绘制曲线的方式与在 3ds Max 中绘制曲线的方式一样。

曲线绘制完成后，单击鼠标右键，在弹出的命令中，选择进入“控制顶点”层级，可以进行曲线的修改操作。

（六）曲线修改工具

在“曲线 / 曲面”工具架上，可以找到常用的曲线修改工具，如图 2–34 所示。

图 2–34 常用曲线修改工具

常用工具解析：

- 附加曲线：将两条或两条以上的曲线附加成为一条曲线。
- 分离曲线：根据曲线的参数点来断开曲线。
- 插入点：根据曲线上的参数点来为曲线添加一个控制点。
- 延伸曲线：选择曲线或曲面上的曲线来延伸该曲线。
- 偏移曲线：将曲线复制并偏移一些。
- 重建曲线：将选择的曲线上的控制点重新进行排列。
- 添加点工具：选择要添加点的曲线来进行加点操作。
- 曲线编辑工具：使用操纵器来更改所选择的曲线。

【例 2–3】使用“Bezier 曲线工具”制作碗模型

本例中，将使用“Bezier 曲线工具”来制作一个碗的模型，图 2–35 所示为本实例的最终完成效果。

图 2–35 碗模型完成效果

1. 启动软件，按住空格键，单击 Maya 按钮，在弹出的命令中选择右视图，将当前视图切换至右视图。

2. 在“曲线 / 曲面”工具架上单击“Bezier 曲线工具”图标，在右视图中绘制出碗的侧面线条，如图 2–36 所示。

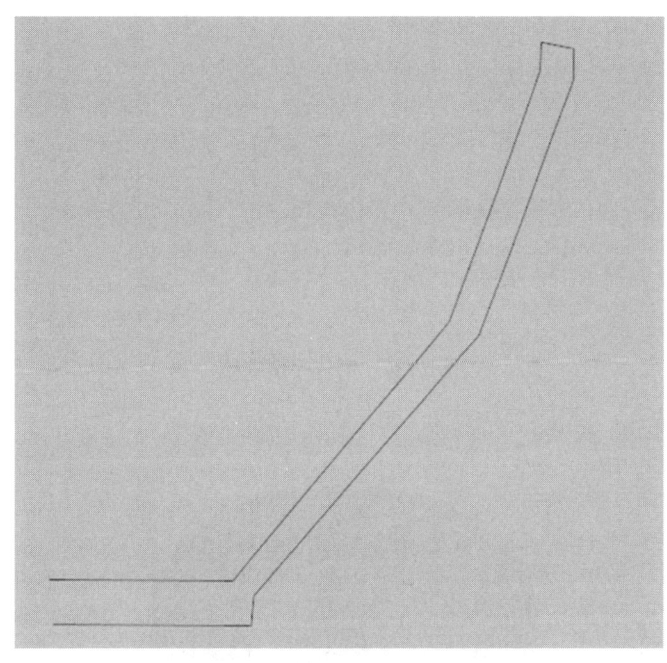

图 2–36 绘制碗侧面线条

3. 选择绘制完成的曲线，右击并在弹出的命令中执行“控制顶点”，进入 Bezier 曲线的“顶点”子层级。

4. 框选曲线上的所有顶点，按住 Shift 键右击并在弹出的命令中执行“Bezier 角点”。

5. 将选择的顶点模式更改为“Bezier 角点”，可以看到现在曲线上的每个顶点都具有了对应的手柄。

6. 更改手柄的位置来不断调整曲线的形态，制作出较为平滑的曲线效果，如图 2–37 所示。

7. 选择场景中绘制完成的曲线，单击“曲线 / 曲面”工具架上的“旋转”图标，将曲线转换为曲面模型，如图 2–38 所示。

8. 在默认状态下，当前的曲面模型结果显示为黑色，执行菜单栏“曲面 / 反转方向”命令，更改曲面模型的面方向，这样就可以得到正确的曲面模型显示结果，如图 2–39 所示。

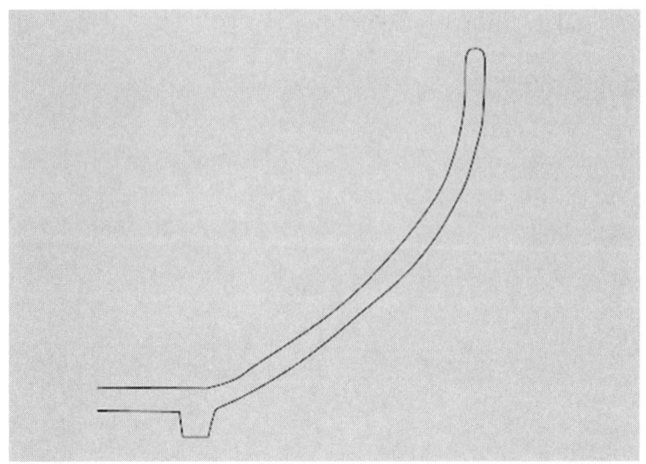

图 2–37　制作平滑曲线

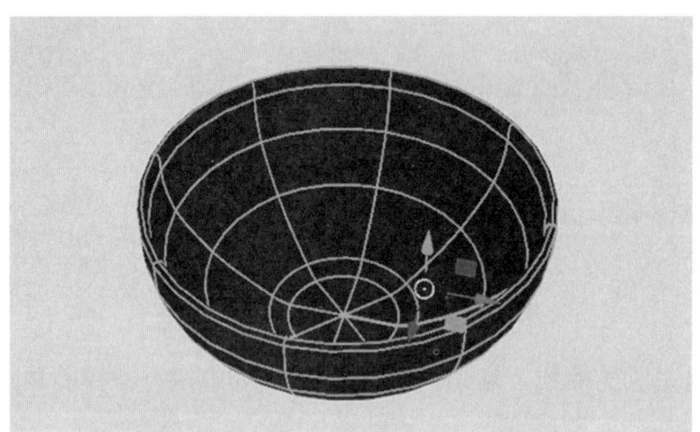

图 2–38　使用“旋转”命令制作曲面模型

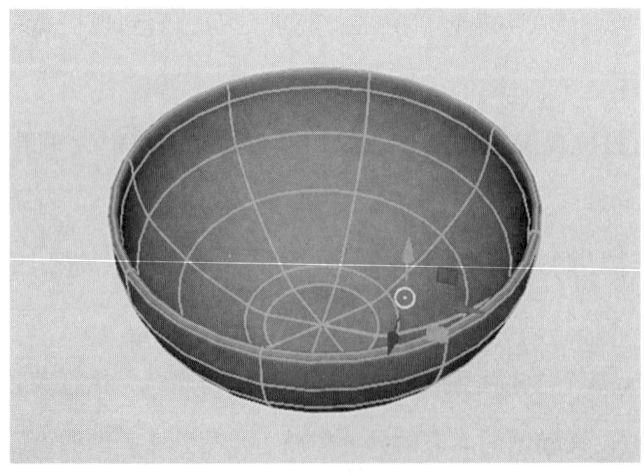

图 2–39　更改模型面方向

9. 本实例的最终模型效果如图 2-40 所示。

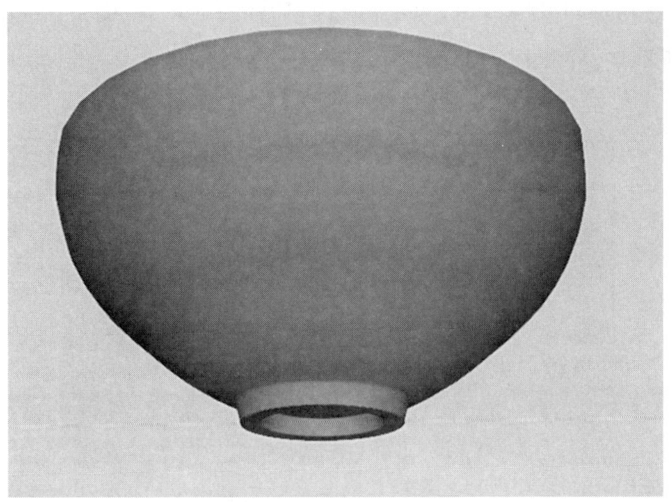

图 2-40　完成碗模型效果

【例 2-4】使用“EP 曲线工具”制作酒杯模型

本例中，将使用“EP 曲线工具”来制作酒杯的模型，图 2-41 所示为本实例的最终完成效果。

图 2-41　酒杯模型最终效果

1. 启动软件，按住空格键的同时单击 Maya 按钮，在弹出的命令中选择“右视图”，即可将当前视图切换至右视图。

2. 单击“曲线 / 曲面”工具架上的“EP 曲线工具”按钮，在右视图中绘制出酒杯的剖面图形，绘制的过程中，应注意把握好酒杯的形态。绘制曲线的转折处时，应多绘制几个点以便将来修改图形，如图 2–42 所示。

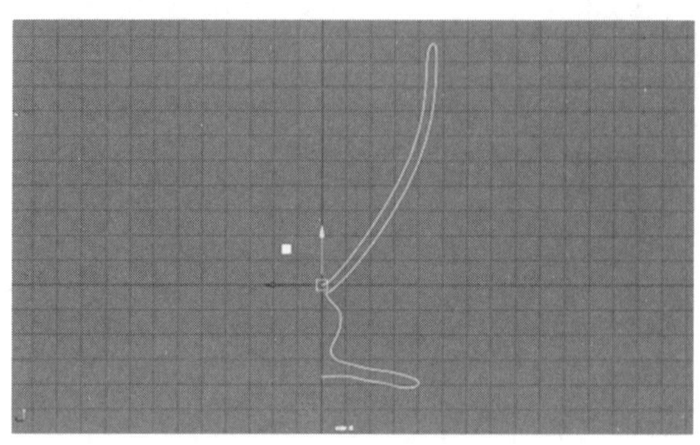

图 2–42　绘制酒杯剖面

3. 右击并在弹出的命令中选择“控制顶点”。

4. 通过调整曲线的控制顶点位置仔细修改杯子的剖面曲线，当选择了一个控制顶点时，该顶点所影响的边呈白色显示。

5. 修改完成后，单击鼠标右键，在弹出的命令中执行“对象模式”，完成曲线的编辑。

6. 将视图切换至“透视”视图，观察绘制完成的曲线形态。

7. 选择场景中绘制完成的曲线，单击“曲线 / 曲面”工具架上的“旋转”图标，即可在场景中看到曲线经过旋转而得到的曲面模型，如图 2–43 所示。

8. 在默认状态下，当前的曲面模型结果显示为黑色，可以执行菜单栏“曲面”/“反转方向”命令，来更改曲面模型的面方向，得到正确的曲面模型显示结果。

9. 制作完成后的酒杯模型最终效果如图 2–44 所示。

二、曲面工具

该软件提供了多种基本几何形体的曲面工具供用户使用，一些常用的跟曲面有关的工具可以在“曲线 / 曲面”工具架上的后半部分找到，如图 2–45 所示。

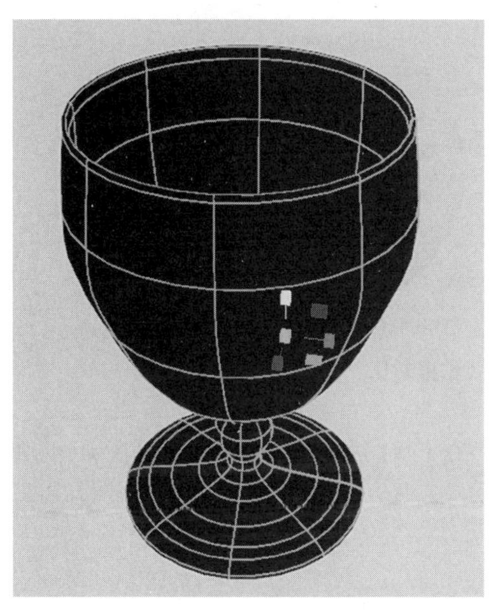

图 2-43　旋转工具创建曲面模型

图 2-44　酒杯模型完成后效果

图 2-45　“曲线 / 曲面”工具架

（一）NURBS 球体

在“曲线 / 曲面”工具架中，单击“NURBS 球体”图标，即可在场景中生成一个球形曲面模型。

在“属性编辑器”面板中，选择 makeNurbSphere1 选项卡，展开“球体历史”卷展栏，可以看到“NURBS 球体”模型的参数。

常用参数解析：

- 开始扫描：设置球体曲面模型的起始扫描度数，默认值为 0。
- 结束扫描：设置球体曲面模型的结束扫描度数，默认值为 360。
- 半径：设置球体模型的半径大小。
- 次数：有“Linear（线性）”和“Cubic（立方）”两种方式可选，用来控制球体的显示结果，图 2-46 所示分别为“次数”选择“线性”和“立方”两种方式的 NURBS 球体的显示结果。

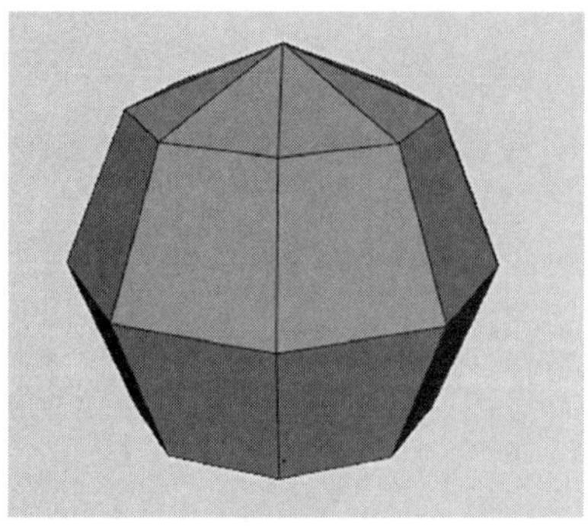
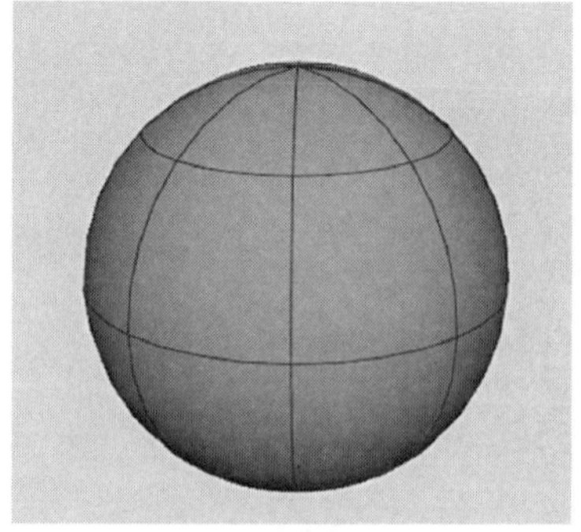

图 2–46　次数两种方式结果对比

• 分段数：设置球体模型的竖向分段，图 2–47 所示为“分段数”分别是 8 和 16 的模型布线结果对比。

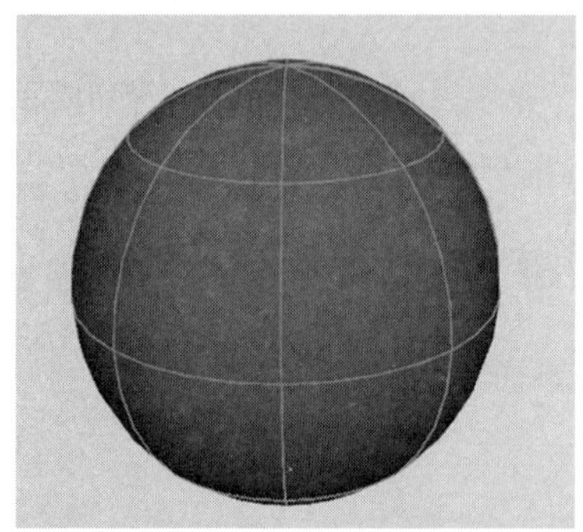
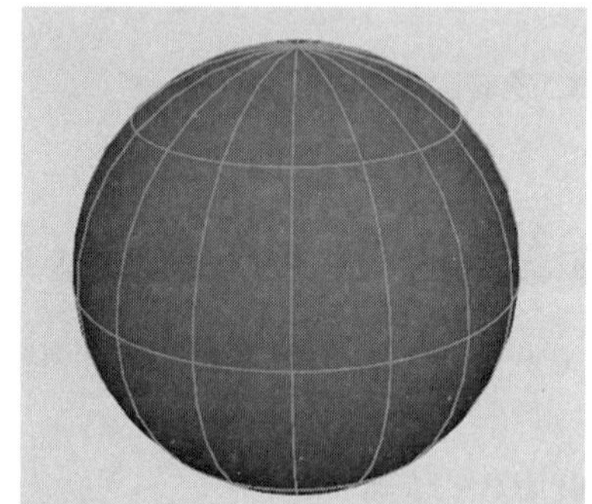

图 2–47　分段数布线结果对比

• 跨度数：设置球体模型的横向分段，图 2–48 所示为“跨度数”分别 8 和 16 的模型布线结果对比。

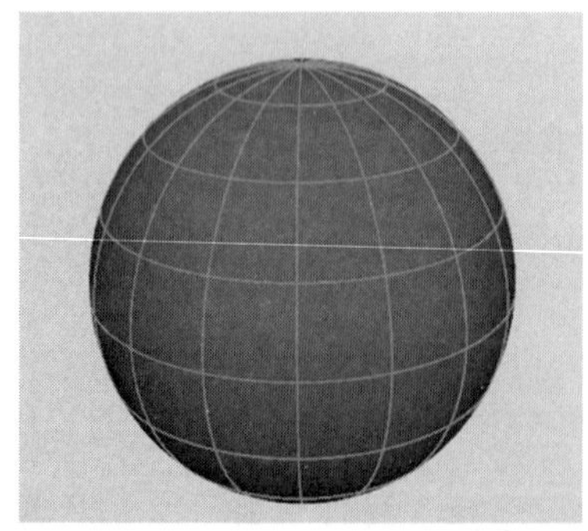
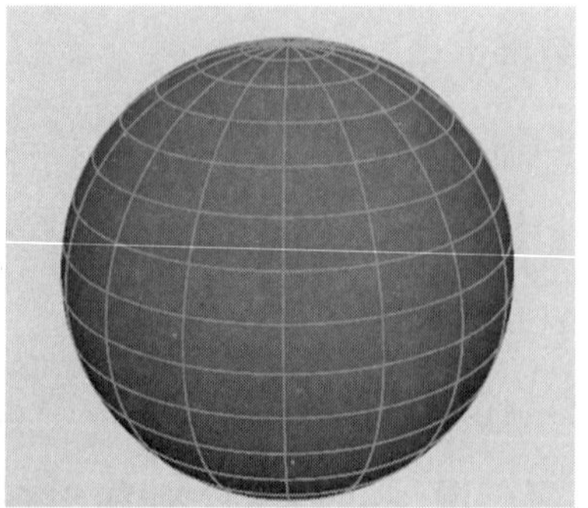

图 2–48　跨度数布线结果对比

（二）NURBS 立方体

在“曲线 / 曲面”工具架中，单击“NURBS 立方体”图标，即可在场景中生成一个方形曲面模型。

在“大纲视图”中，可以看到 NURBS 立方体实际上是一个由 6 个平面组成的方体，这 6 个平面被放置于一个名叫 nurbsCube1 的组里。用户可以在视图中单击选中任意一个曲面来移动它的位置。

在场景中选择构成 NURBS 立方体的任意一个面，在“属性编辑器”面板中找到 makeNurbCube1 选项卡，展开“立方体历史”卷展栏，修改该卷展栏的相应参数来更改 NURBS 立方体的大小。

常用参数解析：

- U 向面片数：控制 NURBS 立方体 *U* 向的分段数。
- V 向面片数：控制 NURBS 立方体 *V* 向的分段数。
- 宽度：控制 NURBS 立方体的整体比例大小。
- 长度比 / 高度比：调整 NURBS 立方体的长度和高度。

（三）NURBS 圆柱体

在“曲线 / 曲面”工具架中，单击“NURBS 圆柱体”图标，即可在场景中生成一个圆柱形的曲面模型。在“大纲视图”中，观察 NURBS 圆柱体，可以看到 NURBS 圆柱体实际上是由 3 个曲面对象组合而成的。在 makeNurbCylinder1 选项卡中，展开“圆柱体历史”卷展栏，即可看到 NURBS 圆柱体的属性。

常用参数解析：

- 开始扫描：设置 NURBS 圆柱体的起始扫描度数，默认值为 0。
- 结束扫描：设置 NURBS 圆柱体的结束扫描度数，默认值为 360。
- 半径：设置 NURBS 圆柱体的半径大小。注意，调整此值的同时也会影响 NURBS 圆柱体的高度。
- 分段数：设置 NURBS 圆柱体的竖向分段。
- 跨度数：设置 NURBS 圆柱体的横向分段。
- 高度比：调整 NURBS 圆柱体的高度。

（四）NURBS 圆锥体

在“曲线 / 曲面”工具架中，单击“NURBS 圆锥体”图标，即可在场景中生成一个圆锥体曲面模型。

技巧与提示：对于 NURBS 圆锥体，其“属性编辑器”中的参数与 NURBS 圆柱体很相似，故在这里不再另行讲解。

（五）曲面修改工具

在“曲线 / 曲面”工具架上，可以找到常用的曲面修改工具，如图 2–49 所示。

图 2–49　曲面修改工具架

常用工具解析：

- 旋转：根据选择的曲线来旋转生成一个曲面模型。
- 放样：根据选择的多条曲线来放样生成曲面模型。
- 平面：根据闭合的曲面来生成曲面模型。
- 挤出：根据选择的曲线来挤出模型。
- 双轨成形工具：让一条轮廓线沿着两条曲线进行扫描从而生成曲面模型。
- 倒角：根据一条曲线生成带有倒角的曲面模型。
- 在曲面上投影曲线：将曲线投影到曲面上，从而生成曲面曲线。
- 曲面相交：在曲面的交界处产生一条相交曲线。
- 修剪工具：根据曲面上的曲线来对曲面进行修剪操作。
- 取消修剪工具：取消对曲面的修剪操作。
- 附加曲面：将两个曲面模型附加为一个曲面模型。
- 分离曲面：根据曲面模型上所选择的等参线来分离曲面模型。
- 开放 / 闭合曲面：将曲面在 U 向 /V 向进行打开或者封闭操作。
- 插入等参线：在曲面的任意位置插入新的等参线。
- 延伸曲面：根据选择的曲面来延伸曲面模型。
- 重建曲面：在曲面上重新构造等参线以生成布线均匀的曲面模型。

- 雕刻几何体工具：使用笔刷绘制的方式在曲面模型上进行雕刻操作。
- 曲面编辑工具：使用操纵器来更改曲面上的点。

【**例 2-5**】使用“附加曲面”工具制作葫芦模型

本例中，将使用“附加曲面”工具来制作一个葫芦摆件的曲面模型，图 2-50 所示为本实例的最终完成效果。

图 2-50　葫芦模型最终效果

1. 启动软件，在场景中创建出一个 NURBS 球体模型。

2. 选择当前的 NURBS 球体，按下快捷键 Ctrl+D，原处复制出一个新的 NURBS 球体模型，并调整其位置和大小，使其形成上小下大的两个圆球。

3. 在场景中的任意位置创建一个 NURBS 圆柱体。

4. 在“大纲视图”中，将 NURBS 圆柱体的层级关系展开，将名称为 bottomCap1 和 topCap1 的两个模型选中，按住鼠标中键拖曳至 nurbsCylinder1 模型的上方，即可将它们之间的层级关系打断。

5. 在“大纲视图”中选择 bottomCap1 和 nurbsCylinder1 这两个模型，将其删除。

6. 选择场景中名为 topCapl 的模型，按下 Shift 键，加选场景中的球体模型，执行菜单栏“修改”“对齐工具”命令，如图 2-51 所示。

7. 将这两个模型的 *X* 轴和 *Z* 轴分别进行对齐后，再使用移动工具调整一下 topCapl 模型 *Y* 轴的位置，如图 2-52 所示。

8. 在“属性编辑器”面板中，展开“圆柱体历史”卷展栏，调整“分段数”的值为 8，使得 topCap1 模型的布线结果与下方的 NURBS 球体一致。

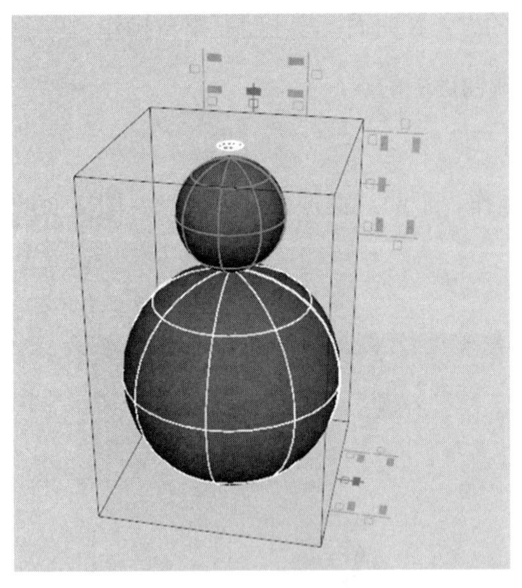

图 2–51　对齐球体模型

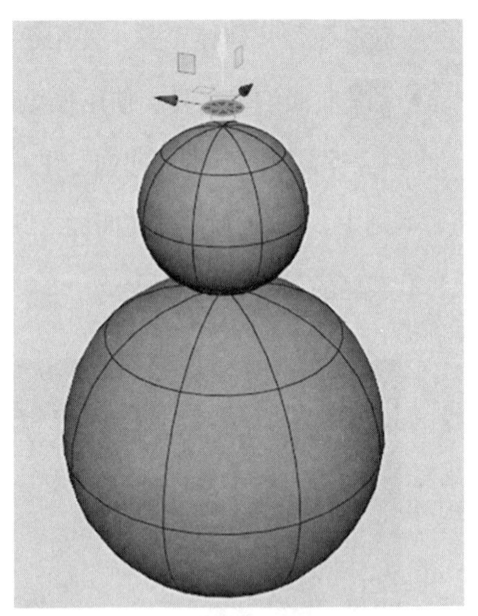

图 2–52　对齐 *X* 轴和 *Z* 轴

9. 选择场景中的两个 NURBS 球体，单击“曲线 / 曲面”工具架上的“附加曲面”图标，制作出葫芦的基本形体。

10. 选择 NURBS 圆柱体的顶面和葫芦形状的曲面，再次进行“附加曲面”操作，即可得到葫芦的完整模型，如图 2–53 所示。

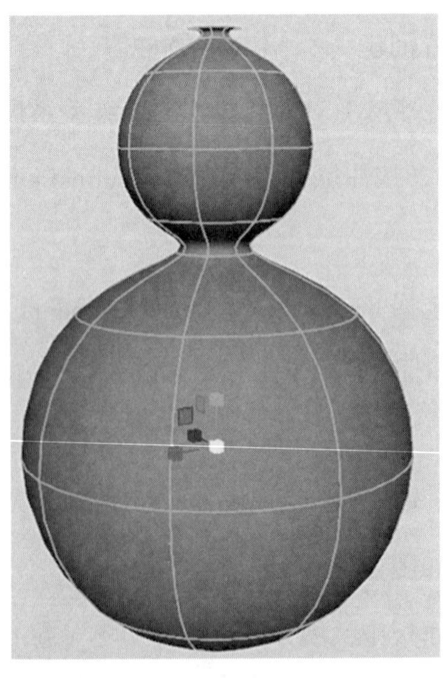

图 2–53　附加曲面操作后完整模型效果

【例 2–6】使用“放样”工具制作花瓶模型

本例中，将使用“放样”工具来制作一个花瓶模型，图 2–54 所示为本实例最终完成效果。

图 2–54 花瓶模型效果

1. 启动软件，在场景中使用“NURBS 圆形”工具创建一个圆形。
2. 在“属性编辑器”面板中，展开“圆形历史”卷展栏，调整“分段数”的值为 16。
3. 按下快捷键 Ctrl+D，复制出一个圆形对象，调整其位置，并缩放至如图 2–55 所示。
4. 使用相同的方式，制作出一个花瓶的剖面结构，如图 2–56 所示。
5. 选择图 2–57 所示的圆形，右击并执行“控制顶点”操作。

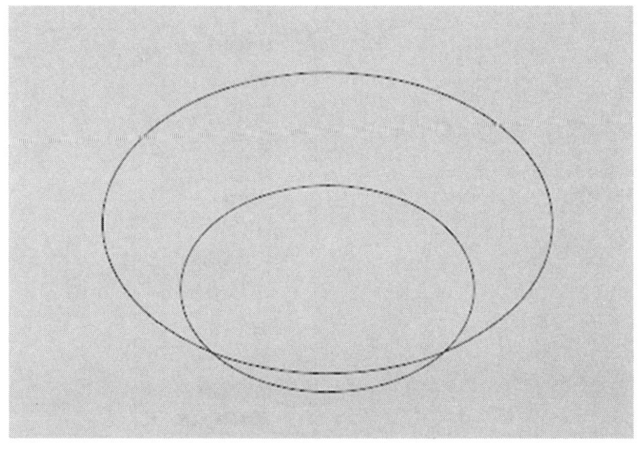

图 2–55 复制并缩放大小

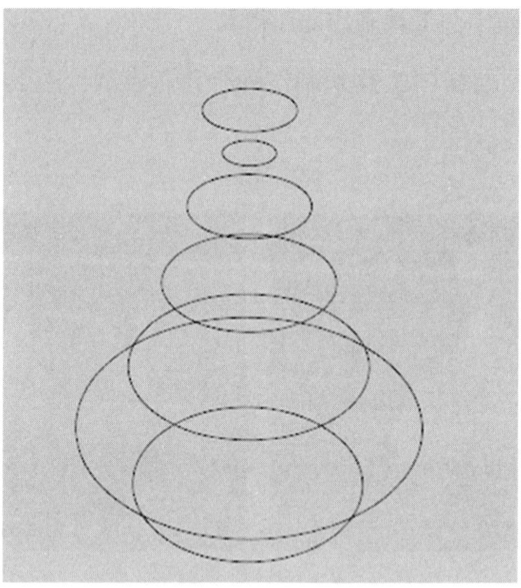

图 2–56　制作花瓶的剖面结构

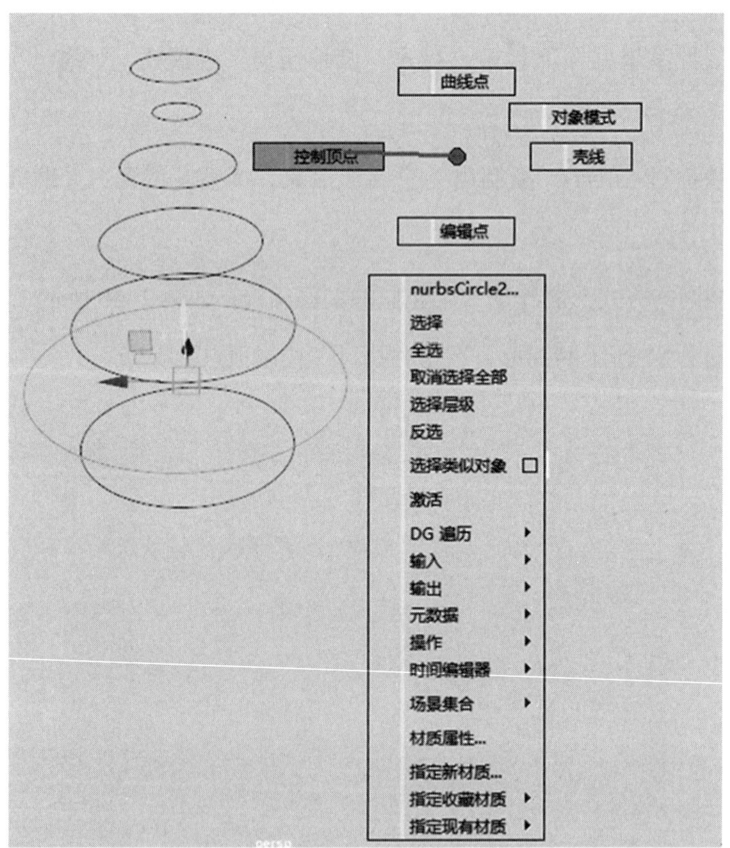

图 2–57　选择控制顶点

6. 选择图 2–58 所示的顶点，对其进行缩放操作，得到图 2–59 所示的曲线效果。

7. 调整完成后，右击并执行“对象模式”命令，完成曲线形态的调整。

8. 从上至下依次选择好这些图形，单击“曲线 / 曲面”工具架上的“放样”按钮，即可得到一个花瓶的三维曲面模型，如图 2–60 所示。

9. 执行菜单栏“曲面”“反转方向”命令，来更改曲面模型的面方向，得到正确的花瓶曲面模型显示结果。

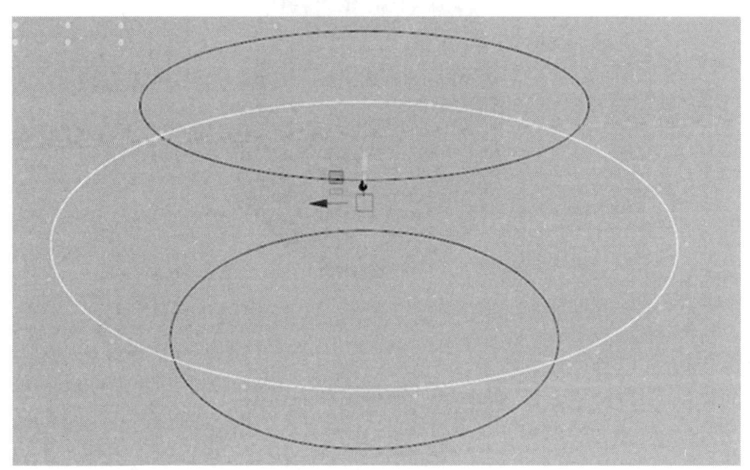

图 2–58　缩放顶点

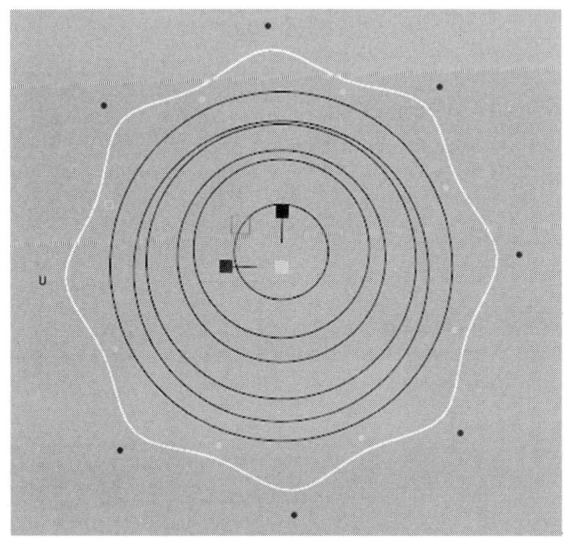

图 2–59　缩放后曲线效果

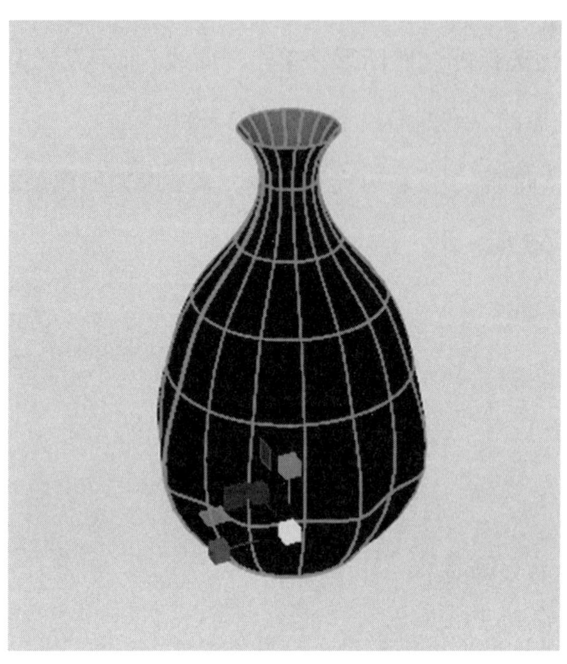

图 2–60　放样出花瓶模型

10. 生成的曲面模型，其形状仍然受之前所创建的圆形位置影响，可以调整这些圆形的大小及位置来改变花瓶的形状。

11. 本实例的最终模型完成效果如图 2–61 所示。

图 2–61　最终完成效果

第三节　创建多边形网格模型

考核知识点及能力要求：

- 了解三维软件工具包的使用方式。
- 了解典型三维模型实例的制作方式。

“建模工具包”是该软件为模型师提供的一个快速查找建模命令的工具集合，通过单击“状态行”中的“显示或隐藏建模工具包”按钮，即可以找到建模工具包的面板，或者在工作区的右边，也可以单击“建模工具包”选项卡的名称来显示建模工具包的面板。“建模工具包”包括“菜单”“选择模式”“选择选项”“命令和工具”这四部分。

一、多边形选择模式

“建模工具包”的选择模式分为“选择对象”“多组件”“UV 选择”三种。其中，单击“多组件”按钮，可以看到“多组件”有“顶点选择”“边选择”“面选择”三种方式，如图 2–62 所示。单击对应的工具按钮，用户即可很方便地进入多边形的不同选择模式，来对多边形进行模型编辑建模。

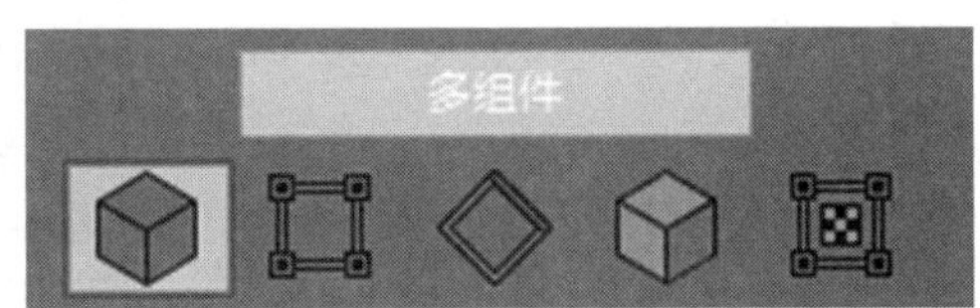

图 2–62　选择模式

技巧与提示：

（1）对象选择模式的快捷键是 F8。

（2）顶点选择模式的快捷键是 F9。

（3）边选择模式的快捷键是 F10。

（4）面选择模式的快捷键是 F11。

（5）UV 选择模式的快捷键是 F12。

（6）按住 Ctrl 键，单击对应的“多组件”按钮，可以将当前选择转换为该组件类型。

二、选择选项以及软选择

“建模工具包”的选择选项位于选择模式按钮的下方，接下来是“软选择”卷展栏，如图 2–63 所示。

常用参数解析：

• 拾取 / 框选：在用户要选择的组件上绘制一个矩形框来选择对象。

• 拖选：在多边形对象上按住鼠标左键来进行选择。

• 调整 / 框选：可用于调整组件进行框选。

• 亮显背面：启用时，背面组件将被预先亮显并可供选择。

• 亮显最近组件：启用时，亮显距光标最近的组件，然后用户可以选择它。

• 基于摄像机的选择：启用该命令后，可以根据摄影机的角度来选择对象组件。

• 对称：启用该命令后，以“对象 X/Y/Z”或“世界 X/Y/Z”的方式来对称选择对象组件。

• 软选择：启用“软选择”后，选择周围的衰减区域将获得基于衰减曲线的加权变换。如果此选项处于

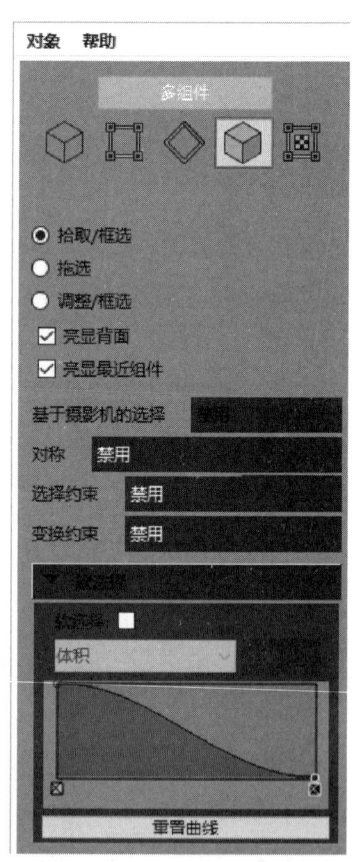

图 2–63 “软选择”卷展栏

启用状态，并且未选择任何内容，将光标移动到多边形组件上会显示软选择预览，如图 2-64 所示。

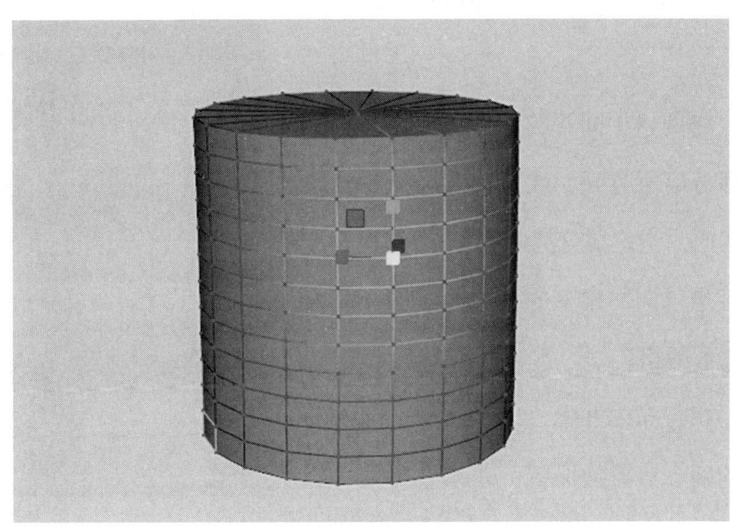

图 2-64 软选择预览

- “衰减模式”下拉列表：用于设定“软选择”衰减区域的形状，有“体积”“表面”“全局”和“对象”四种选项。
- 体积：围绕选择延伸一个球形半径，并逐渐影响球形范围内的所有顶点。
- 表面：当“衰减模式”设定为“表面”时，衰减基于符合表面轮廓的圆形区域。
- 全局：衰减区域的确定方式与“体积”设置相同，只是“软选择”会影响“衰减半径”中的任何网格，包括不属于原始选择的网格。
- 对象：可以使用衰减平移、旋转或缩放场景中的对象，而无须对对象本身进行变形。
- “重置曲线”按钮：用于将所有“软选择”的设置重置为默认值。

三、多边形编辑工具

多边形编辑工具位于选择选项的下方，其中包括“网格”卷展栏、“组件”卷展栏和“工具”卷展栏，如图 2-65 所示。

常用参数解析：

（1）“网格”卷展栏

- 结合：将选定的网格组合到单个多边形网格中。
- 分离：将网格中断开的壳分离为单独的网格。可以立即分离所有壳，或者首先选择要分离的壳上的某些面，指定要分离的壳。
- 平滑：通过向网格上的多边形添加分段来平滑选定多边形网格。
- 布尔：执行布尔并集，以组合所选网格的体积。原始的两个对象均保留，并减去交集，如图 2–66 所示。

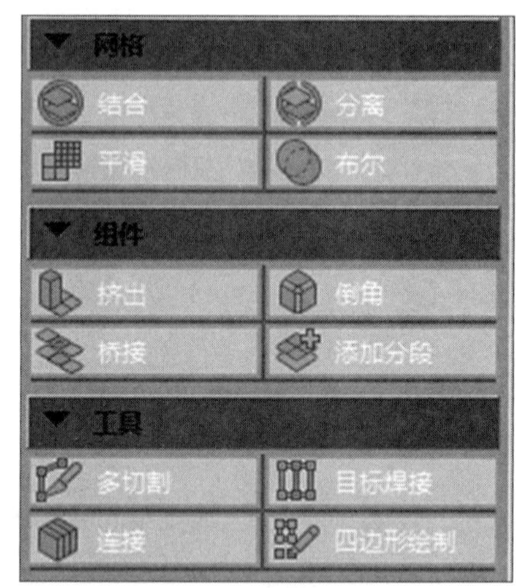

图 2–65　多边形编辑工具

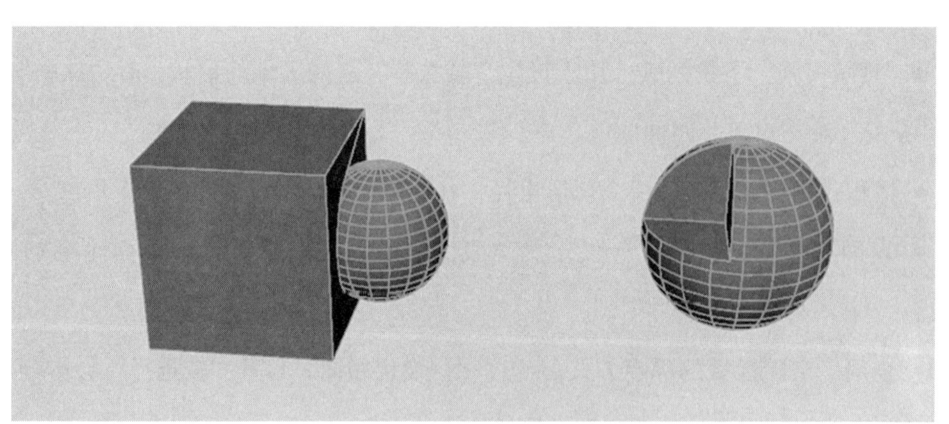

图 2–66　布尔

（2）“组件”卷展栏

- 挤出：可以从现有面、边或顶点挤出新的多边形。
- 倒角：可以对多边形网格的顶点进行切角处理，或使其边成为圆形边。
- 桥接：可用于在现有多边形网格上的两组面或边之间创建桥接，如图 2–67 所示。
- 添加分段：将选定的多边形组件（边或面）分割为较小的组件，如图 2–68 所示。

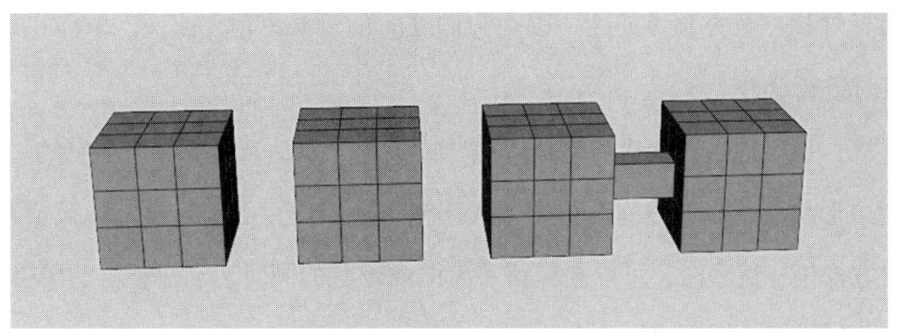

图 2-67　桥接

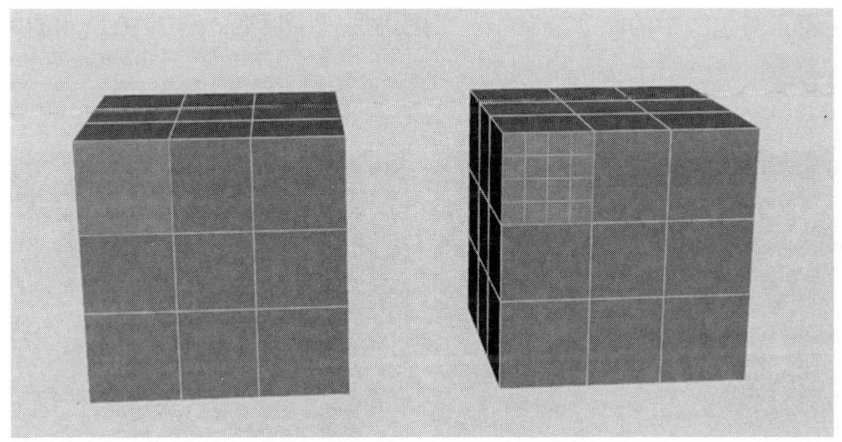

图 2-68　添加分段

（3）“工具”卷展栏

- 多切割：对循环边进行切割、切片和插入操作，如图 2-69 所示。

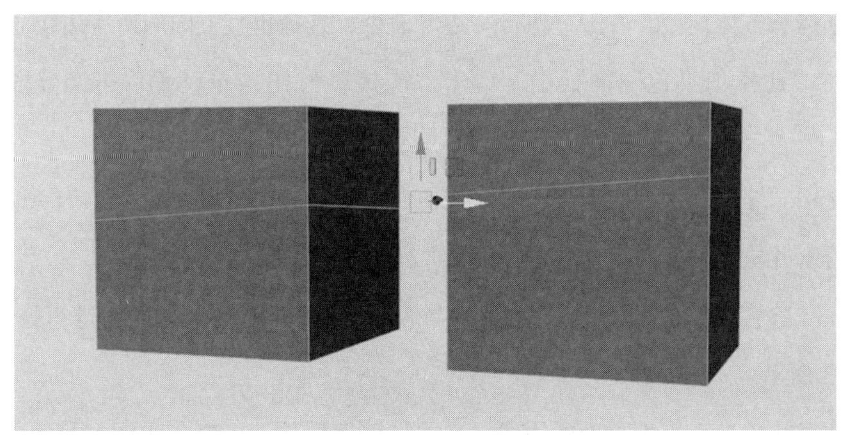

图 2-69　多切割

● 目标焊接：合并顶点或边，以在它们之间创建共享顶点或边。只能在组件属于同一网格时进行合并。

● 连接：可以通过其他边连接顶点和（或）边，以达到增加分段的目的。

● 四边形绘制：以自然而有机的方式建模，使用简化的单工具工作流重新拓扑化网格。在进行拓扑流程时，可以在保留参考曲面形状的同时，创建整洁的网格。

【**例 2–7**】制作图书模型

使用软件的“建模工具包”几乎可以制作出任何复杂的三维模型。在本例中，将使用“建模工具包”中的命令来制作一个图书的三维模型，图 2–70 所示为本实例的最终完成效果。

图 2–70　图书模型效果

1. 启动软件，在场景中创建一个长方体模型。

2. 选择长方体模型，右击并执行“边”命令，选择垂直方向的所有边线。

3. 在“建模工具包”面板中，单击“连接”按钮，并设置“连接分段”的值为 2。

4. 使用“缩放”工具微调“连接”按钮所生成的边线位置，如图 2–71 所示。

5. 右击并执行“面”命令，选择图 2–72 所示的面。

6. 在“建模工具包”面板中，单击“挤出”按钮，对所选择的面进行挤出操作，如图 2–73 所示。

7. 选择转角处垂直于封面的边线，单击“倒角”按钮，制作出图书封面边角的细节，如图 2–74 所示。

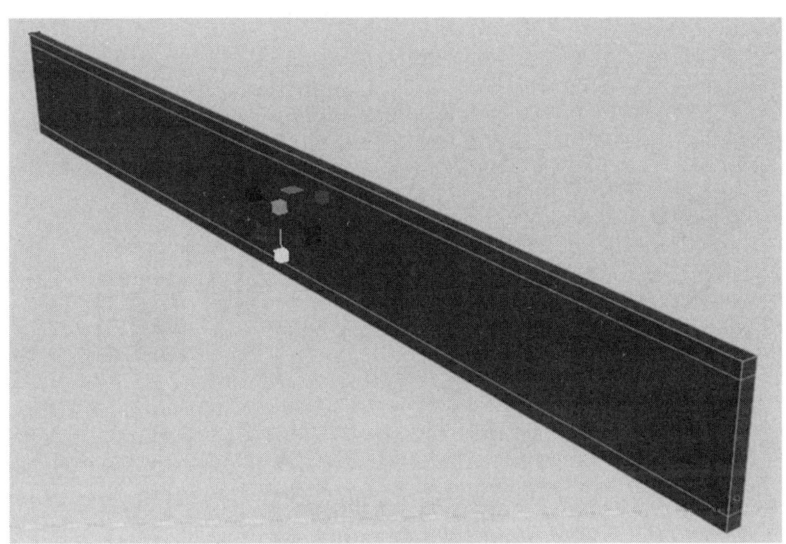

图 2–71 缩放

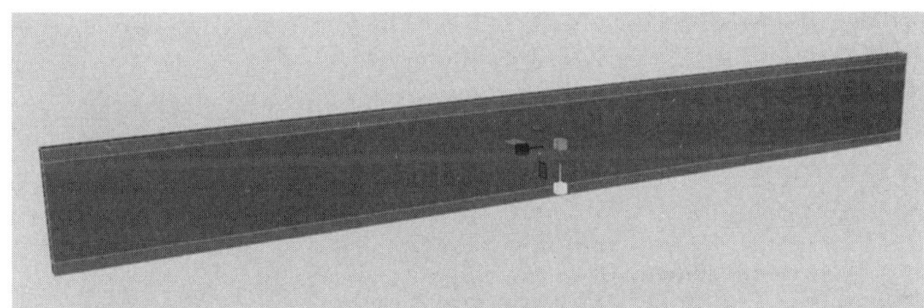

图 2–72 选择面

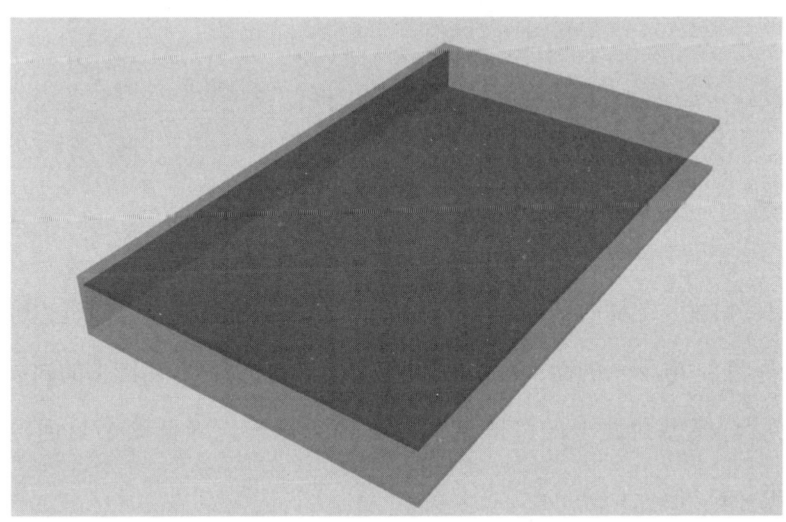

图 2–73 挤出

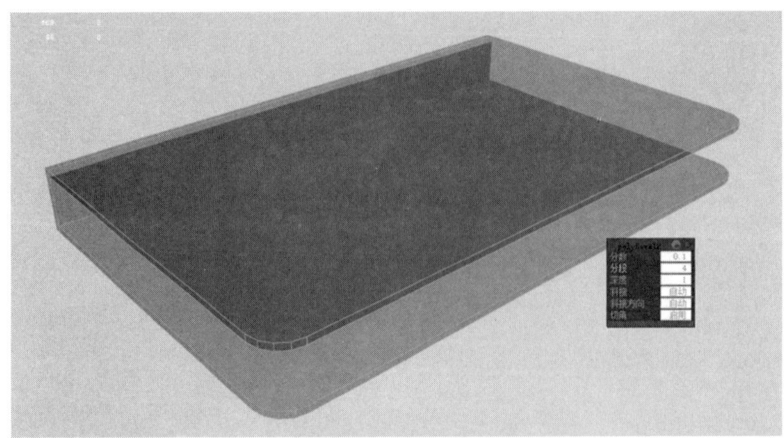

图 2–74　边线倒角

8. 接下来，制作图书模型的内页结构。选择图 2–75 所示书内部面顶底的两条边线，单击“连接”按钮，并设置“连接分段”的值为 2。

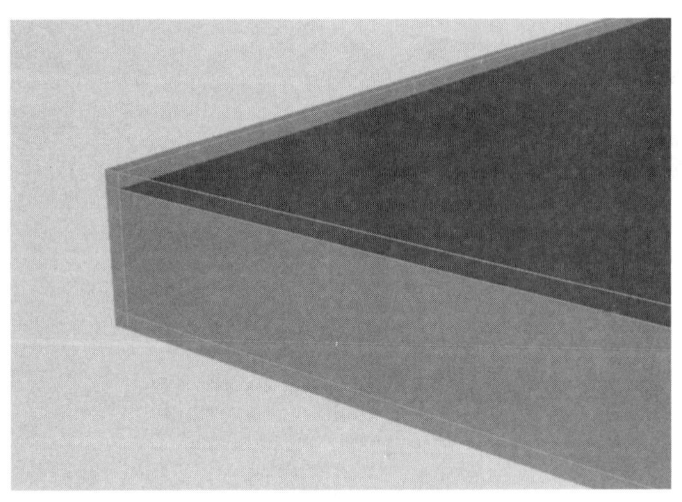

图 2–75　内页连接

9. 使用“缩放”工具微调“连接”按钮所生成的边线位置使其靠近边缘。

10. 选择图 2–76 所示的面，对其进行“挤出”操作，制作出图书的内页结构。

11. 最后对模型封面上的“顶点”进行细微调整，降低图书封面的厚度，如图 2–77 所示。

12. 本实例的最终模型完成效果如图 2–78 所示。

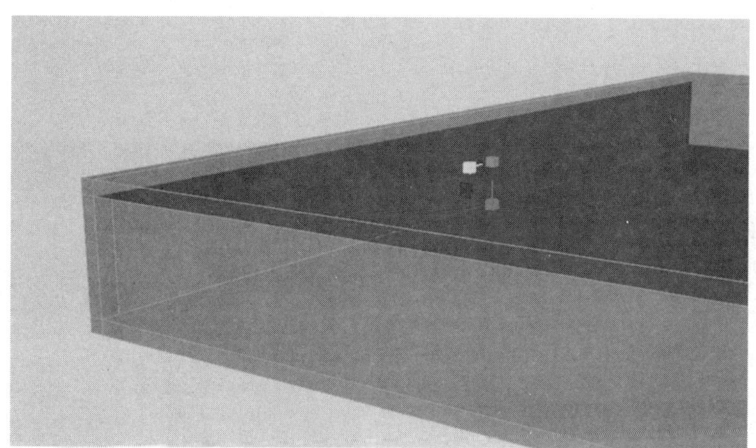

图 2–76　挤出内页

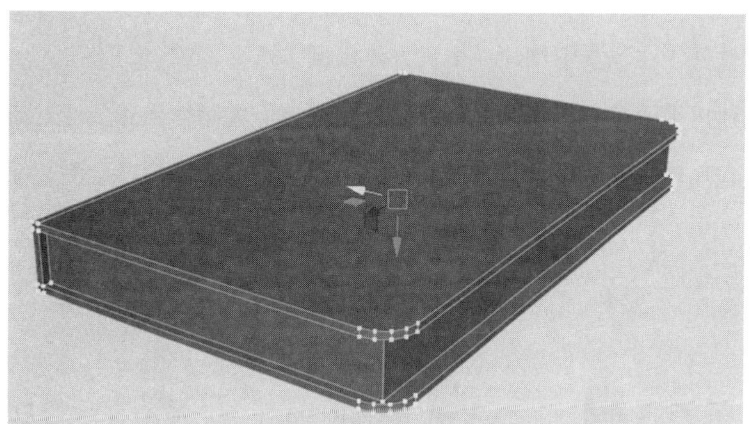

图 2–77　调整顶点

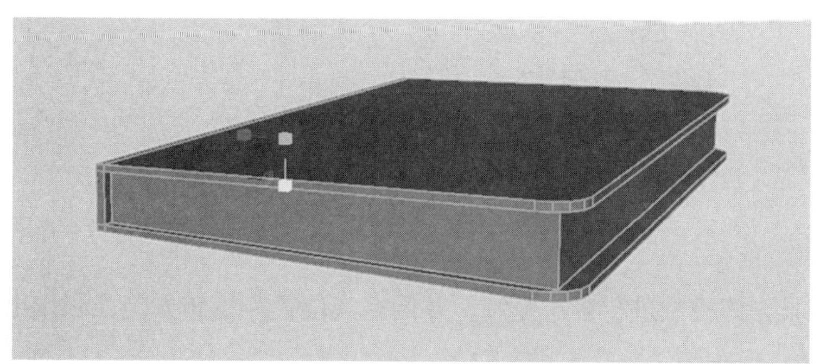

图 2–78　书本模型效果

【例 2-8】制作单人沙发模型

在本例中，使用“建模工具包”中的命令来制作一个单人沙发的三维模型，图 2-79 所示为本实例的最终完成效果。

图 2-79　沙发模型效果

1. 启动软件，在场景中创建一个长方体模型。

2. 对创建出来的长方体模型进行复制，并调整位置制作出 4 个沙发腿模型。

3. 再次在场景中创建一个长方体模型，并调整其大小和位置至图 2-80 所示。

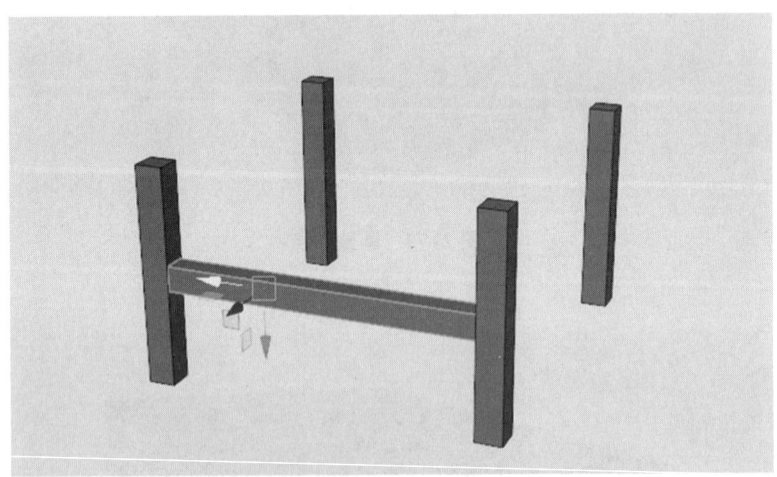

图 2-80　创建新长方体

4. 对该长方体模型进行多次复制，并调整其位置和旋转方向，制作出沙发的支撑结构，如图 2-81 所示。

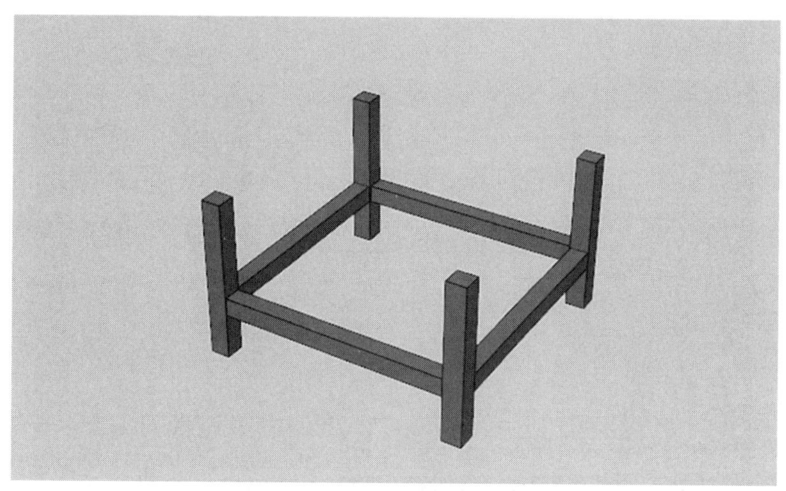

图 2-81　沙发支撑部分结构

5. 在图 2-82 所示场景位置处创建一个长方体模型。

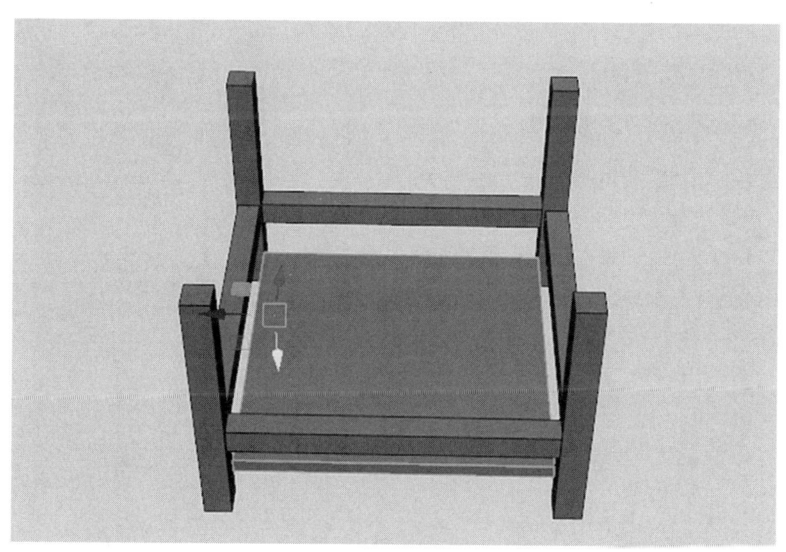

图 2-82　创建新长方体

6. 选择图 2-83 所示的 4 条边线，打开“属性编辑器”面板，单击“连接”按钮，添加两条边线。

7. 使用“缩放”工具对边线的位置进行调整，如图 2-84 所示。

8. 以相同的操作步骤再次为模型添加垂直方向的两条边线。

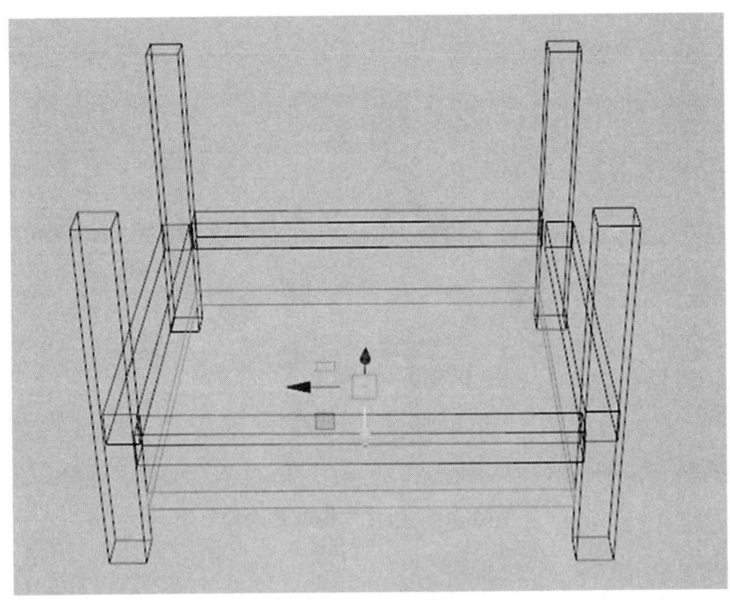

图 2–83 选择边线

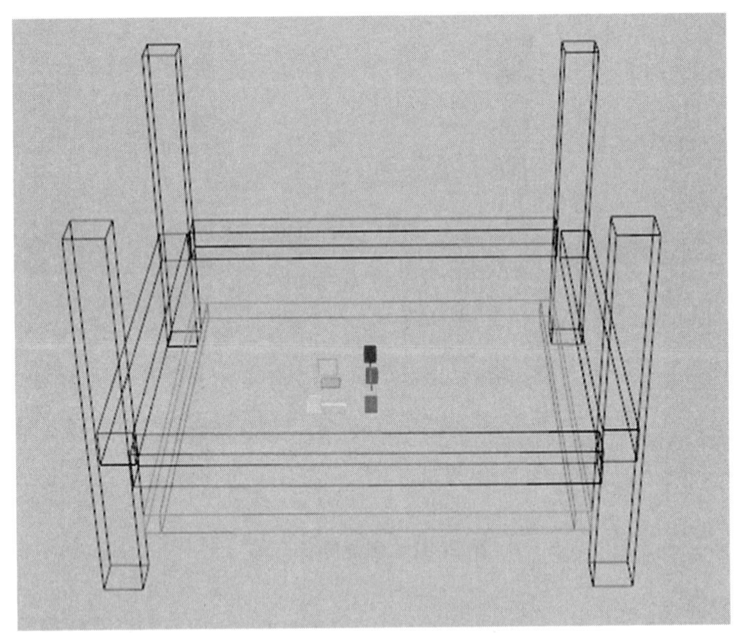

图 2–84 调整线条位置

9. 选择图 2–85 所示的两个面，对其应用“桥接”命令，使模型开孔。

10. 在场景中创建一个长方体，对该长方体模型进行多次复制，并调整其位置至图 2–86 所示。

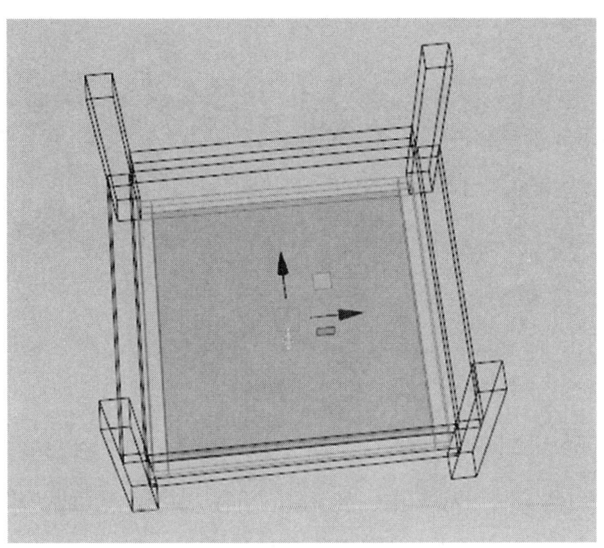

图 2–85　桥接

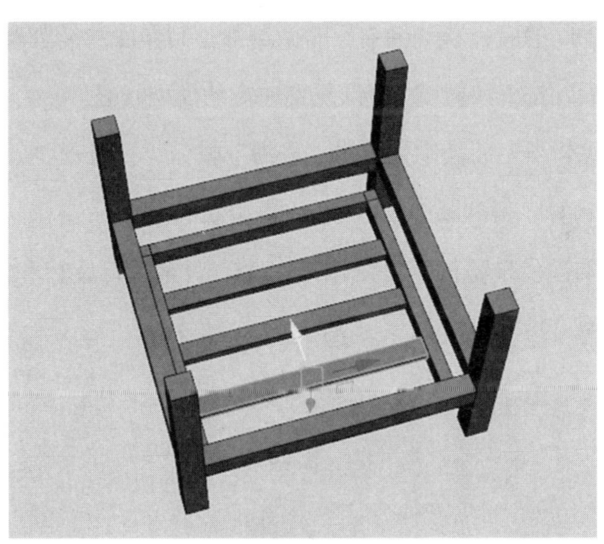

图 2–86　复制长方体

11. 使用相似的操作步骤分别制作出沙发的扶手结构和其他木质结构。

12. 开始制作沙发的坐垫模型，在场景中创建一个长方体模型，设置其大小和位置至图 2–87 所示。

13. 选择长方体模型的所有边线，应用“倒角”命令，使得长方体模型的边线圆滑一些。

图 2–87　创建坐垫

14. 按下快捷键 3，显示坐垫模型的平滑效果。

15. 选择坐垫中间的面，沿 *Y* 轴向上略微调整，制作沙发坐垫表面隆起效果。

16. 制作完成后，按下快捷键 1，恢复到原本的模型状态。

17. 在“属性编辑器”面板中，单击“平滑”按钮，并设置“分段”的值为 2，对坐垫模型进行平滑计算，得到图 2–88 所示的模型效果。

18. 将制作好的沙发坐垫模型复制出来一个，对其进行旋转和位移操作，制作出沙发的靠背结构。

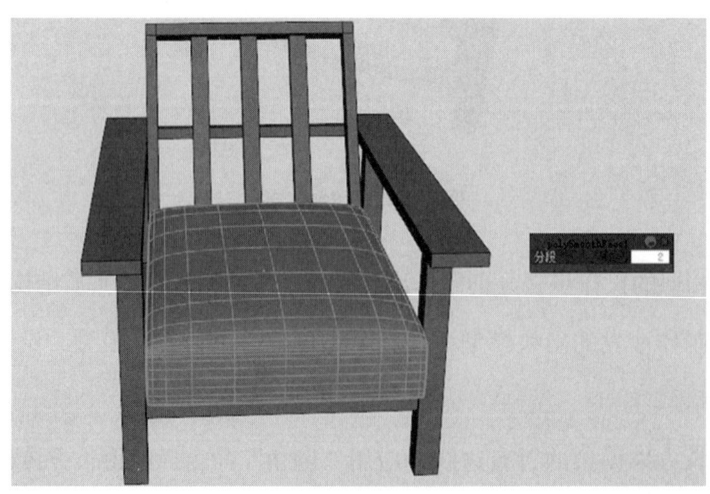

图 2–88　平滑

19. 本实例的最终模型效果如图 2–89 所示。

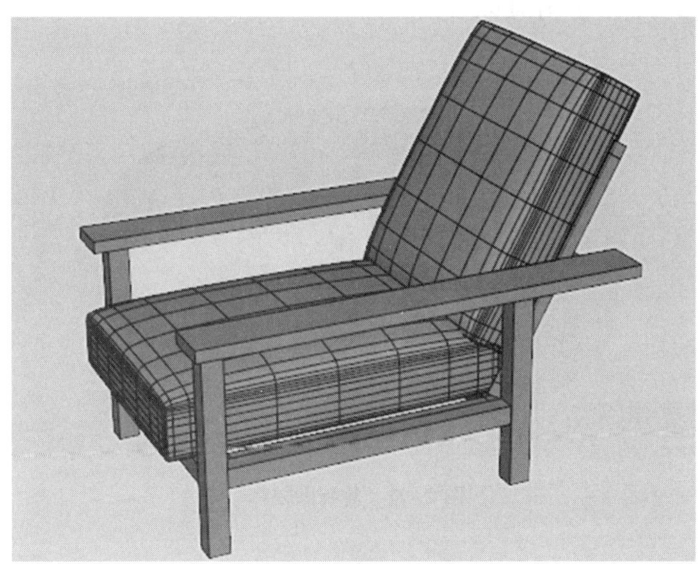

图 2–89　沙发模型效果

【**例 2–9**】制作烟灰缸模型

在本例中，将使用“建模工具包”中的命令来制作一个烟灰缸的三维模型，图 2–90 所示为本实例模型的最终完成效果。

图 2–90　烟灰缸模型效果

1. 启动软件，在场景中创建出一个扁平圆柱体模型。

2. 在“属性编辑器”面板中，展开“多边形圆柱体历史”卷展栏，设置“半径”值为 6，“高度”值为 3，“轴向细分数”值为 36。

3. 选择圆柱体上下边线，对其进行“倒角”处理。

4. 按下 Ctrl+D 快捷键，对圆柱体模型进行复制，并对复制出来的圆柱体模型进行缩放和位移操作，如图 2–91 所示。

图 2–91　复制圆柱体

5. 先选择场景中较大的圆柱体模型，按下 Shift 快捷键，加选场景中较小的圆柱体模型，单击“网格”卷展栏中的“布尔”按钮。

6. 将“布尔”的“运算”选项设置为“差集”，即可得到两个模型相减的模型计算效果，如图 2–92 所示。

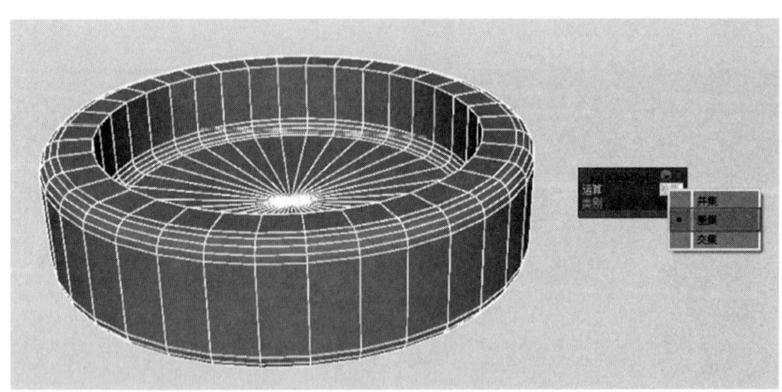

图 2–92　布尔效果

7. 单击“多边形圆柱体”按钮，在视图中创建一个圆柱体模型。

8. 单击“捕捉到点”按钮，开启点捕捉功能。

9. 在“透视视图”中按住 D 键，将圆柱模型的坐标轴更改到圆柱体一侧的中心位置，如图 2–93 所示。

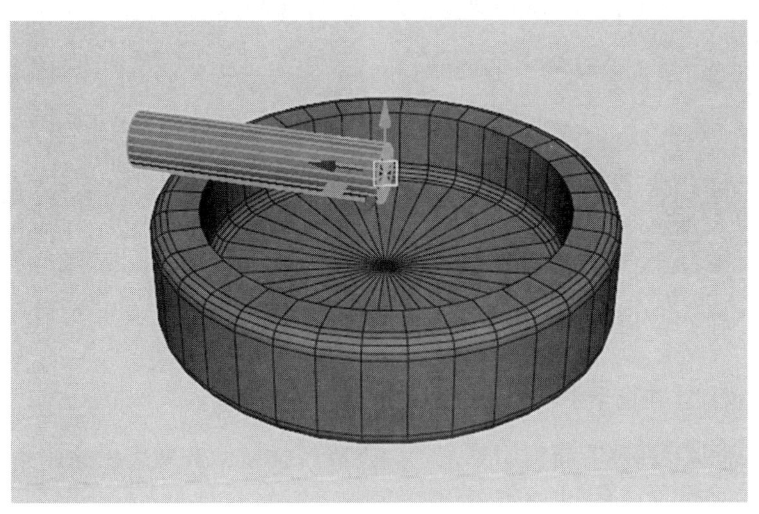

图 2–93　更改圆柱坐标轴

10. 对圆柱体模型进行复制，并以自身的坐标轴为中心点旋转 120°，重复复制 2 次。

11. 对场景中的圆柱体模型依次执行“布尔”操作，得到一个带有凹槽的烟灰缸模型，最终完成效果如图 2–94 所示。

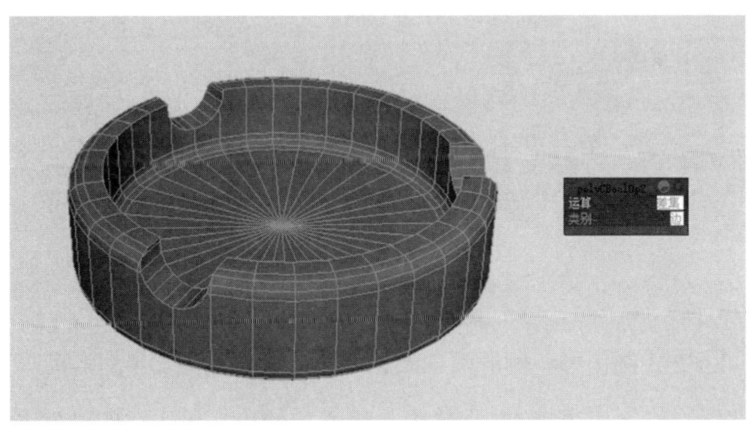

图 2–94　烟灰缸模型效果

【例 2–10】制作茶几模型

在本例中，使用“建模工具包”中的命令来制作一个茶几的三维模型，图 2–95 所示为本实例的最终完成效果。

图 2–95　茶几实例模型效果

1. 启动软件，在场景中创建一个多边形长方体。

2. 在“建模工具包”面板中单击“边选择”按钮，选择最长的四条边，并单击“工具”卷展栏内的“连接”按钮。

3. 按住鼠标中键并移动鼠标，调整“连接”的“分段”值为 2。

4. 使用“缩放”工具调整边的位置，如图 2–96 所示。

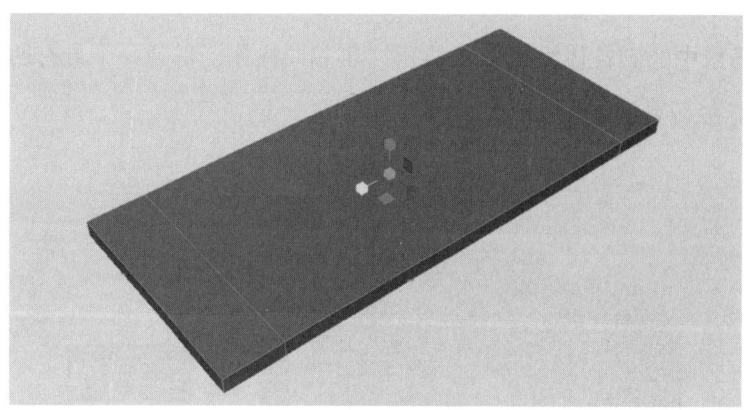

图 2–96　调整线条

5. 以相同的方式制作另一侧的两条线，制作完成后如图 2–97 所示。

6. 按住 Shift 键，以双击的方式选中上述添加的边，单击“组件”卷展栏的“倒角”按钮，对边进行倒角操作，制作出桌子腿的粗细效果，如图 2–98 所示。

7. 在“面选择”组件中，选择上一步创建出的四个底面，单击“组件”卷展栏中的“挤出”，对选择的面进行挤出操作，制作出桌腿。

8. 按下 G 快捷键，重复上一次操作，对桌腿结构进行 2 次挤出。

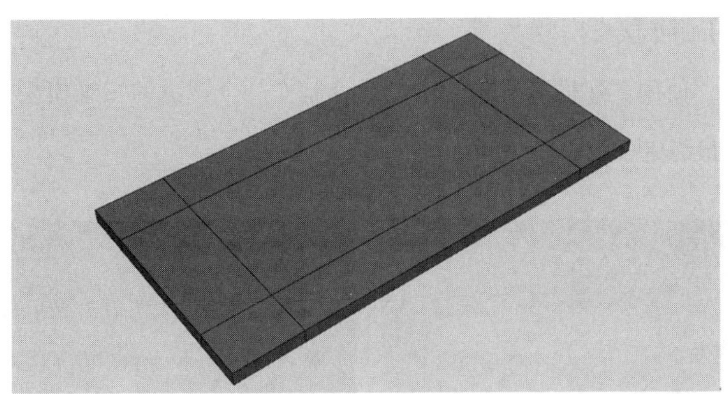

图 2–97　添加线条

图 2–98　倒角效果

9. 选择桌腿结构上相对应的面，再次单击“组件”卷展栏中的“挤出”按钮。在桌腿结构上选择两个对应的面后，单击“组件”卷展栏内的“桥接”按钮，即可制作出桌腿上的横梁结构，如图 2–99 所示。

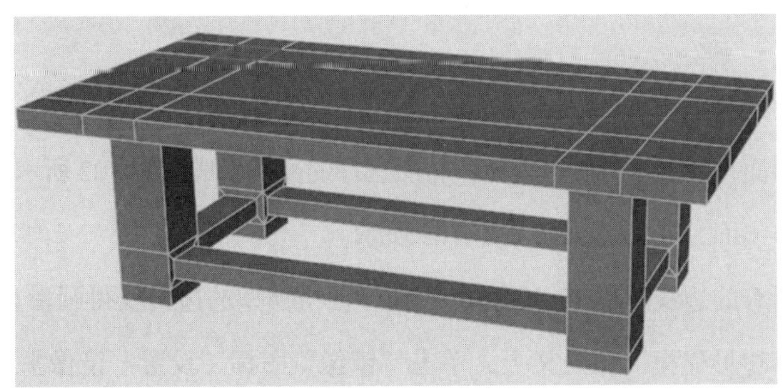

图 2–99　横梁效果

【例 2-11】制作矮桌模型

在本例中，使用“建模工具包”中的命令制作一个矮桌的三维模型，图 2-100 所示为本实例的最终完成效果。

图 2-100　矮桌模型效果

1. 启动软件，在场景中创建一个多边形长方体。

2. 在“建模工具包”面板中，单击“顶点选择”按钮，调整长方体的顶点至图 2-101 所示。

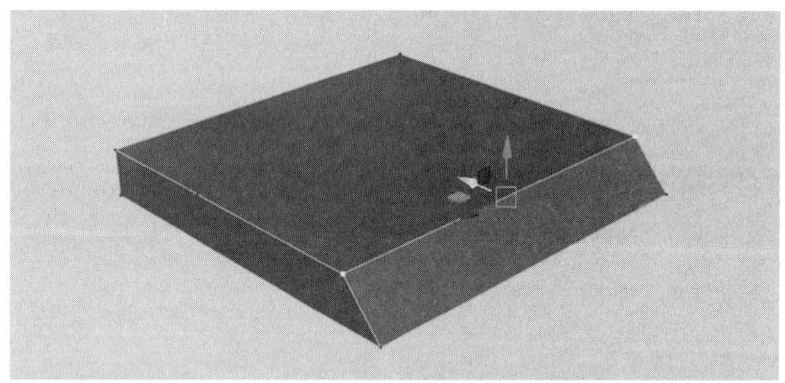

图 2-101　调整顶点

3. 选择斜面，单击“挤出”按钮，将所选择的面挤出成图 2-102 所示的模型结果。

4. 继续挤出面，使其效果如图 2-103 所示。

5. 选择所有的边线，单击“倒角”按钮，使得模型的边角变得圆滑。

6. 在“多边形建模”工具架上，单击“镜像”图标，设置“镜像平面旋转 Y”的值为 -60。

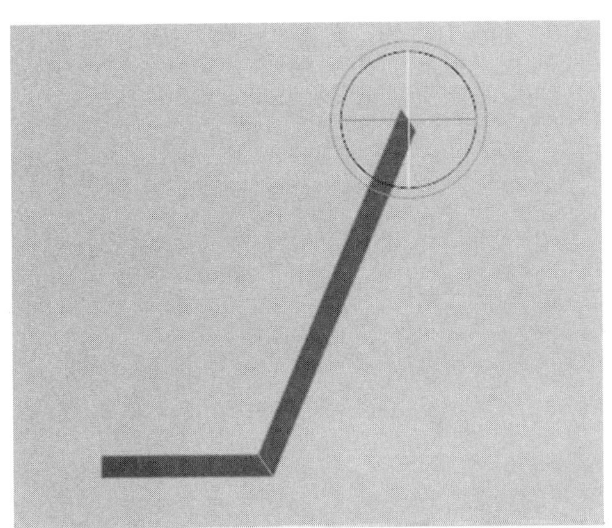

图 2–102　挤出并调整

图 2–103　挤出效果

7. 在“多边形建模”工具架上，再次单击“镜像”图标，设置“镜像平面旋转Y”的值为 –120。

8. 制作桌面结构。在场景中创建一个圆柱体模型，并调整其位置和大小。

9. 在“属性编辑器”面板中，展开“多边形圆柱体历史”卷展栏，设置“轴向细分数”的值为 6。

10. 选择桌面底部的面，对其进行“缩放”操作，做出桌面上宽下窄的效果。

11. 选择桌面模型上的所有边线，单击“倒角”按钮，并设置倒角的“分段”值为 3，制作出圆滑的边角效果。模型完成效果如图 2–104 所示。

图 2–104　完成效果

【例 2–12】制作塑料凳模型

在本例中，使用“建模工具包”中的命令来制作一个塑料凳的三维模型，图 2–105 所示为本实例的最终完成效果。

图 2–105　塑料凳模型效果

1. 启动软件，在“多边形建模”工具架上单击“多边形圆柱体”图标，在场景中创建一个圆柱体模型。

2. 在“属性编辑器”面板中，展开“多边形圆柱体历史”卷展栏，设置圆柱体的“半径”值为 10，“高度”值为 15，“轴向细分数”为 3。

3. 设置完成后，圆柱体的显示结果如图 2–106 所示。

4. 选择模型顶面，使用“缩放”工具对其进行缩放操作，使模型上窄下宽。

技巧与提示：当使用“缩放”工具对物体的两个轴向（如 *X* 轴和 *Z* 轴）同时进行缩放时，需要按住 Ctrl 快捷键的同时，调整另外一个轴向（*Y* 轴）的手柄。

5. 在“透视视图”中，选择模型底面，对其进行“删除”操作。

6. 选择侧面的三条垂直边线，单击“连接”按钮，并设置连接的“分段”值为 3。

7. 选择上一步添加的线，单击“连接”按钮，再次为模型添加边线，如图 2–107 所示。

8. 选择图 2–108 所示的面，对其进行“删除”操作。

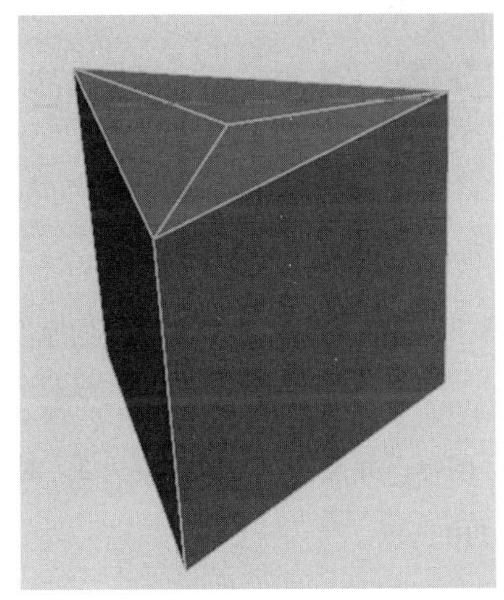

图 2–106　调整后效果

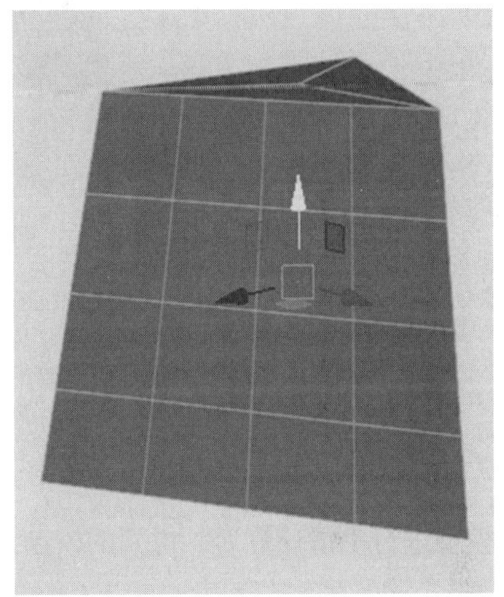

图 2–107　添加边线

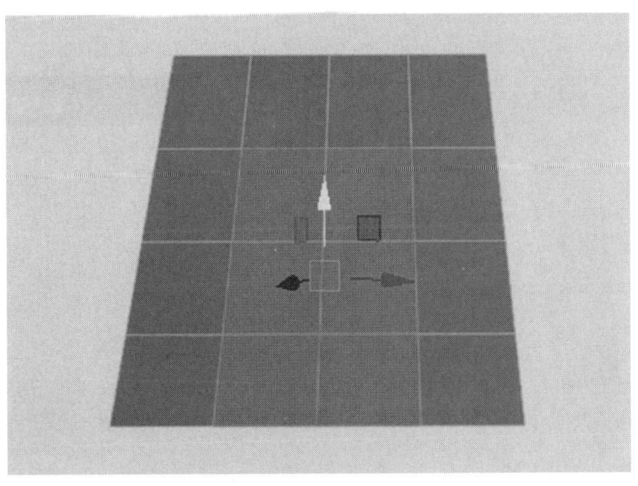

图 2–108　选择面

9. 使用相同的操作步骤分别对凳子模型另外两个方向的侧面进行编辑操作，得到图 2–109 所示的模型结果。

图 2–109　删除面

10. 选择凳子模型上所有的面，对其进行“挤出”操作，制作出凳子模型的厚度。

11. 选择底部的面，再次执行“挤出”操作。

12. 单击“多边形建模”工具栏上的“平滑”图标，并设置“分段”值为 3，对凳子模型进行平滑计算后，得到的模型结果如图 2–110 所示。

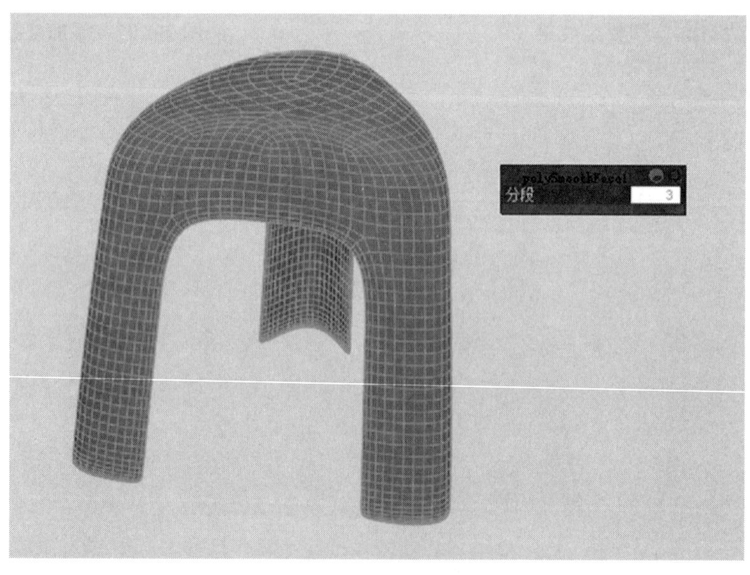

图 2–110　平滑效果

第四节　几何体的布尔、放样运算

考核知识点及能力要求：

- 了解三维模型运算工具的基础使用方法。

布尔工具位置在网格菜单栏中，它用于模型间相加、相减等计算。接下来，将分别说明并举例示范布尔运算三种命令。

一、Union 并集

第一种为并集，可以合并两个多边形，相比于“合并”命令来说，并集命令可以做到无缝拼合。下面以葫芦模型作为示例。

首先，建一个 Polygons–Sphere（多边形—圆球体）。

然后，点击圆球体，在右边的属性栏，将此圆球体的高宽细分都改为 8，目的以形成合理的四边形布线格局。

这时，葫芦的下半部分完成。直接在原坐标轴的基础上，进行复制（Ctrl+D）。点击 R 缩小，W 上移到此圆球体上端，空间坐标轴不变可以避免增加或减少面。点击 Union，上下部分则无缝结合在一起，如图 2–111 所示。

然后，需要对葫芦的底端进行向上微调，点击右侧工具属性栏里的移动快捷属性。双击打开 Soft Selection 软选择，将 Soft Select 勾选。此工具栏打开方式可参照图 2–112。

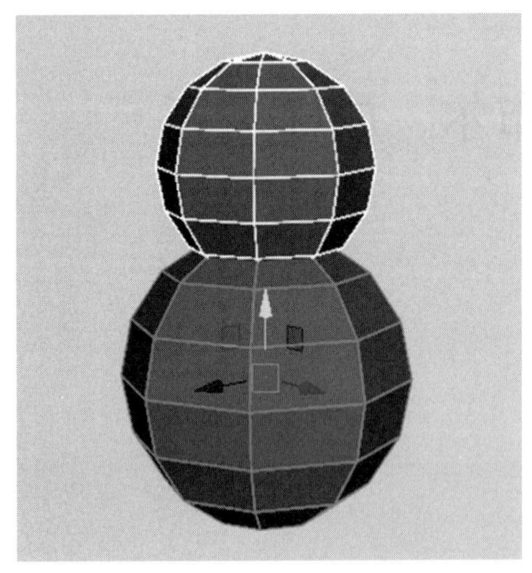

图 2-111　复制和移动

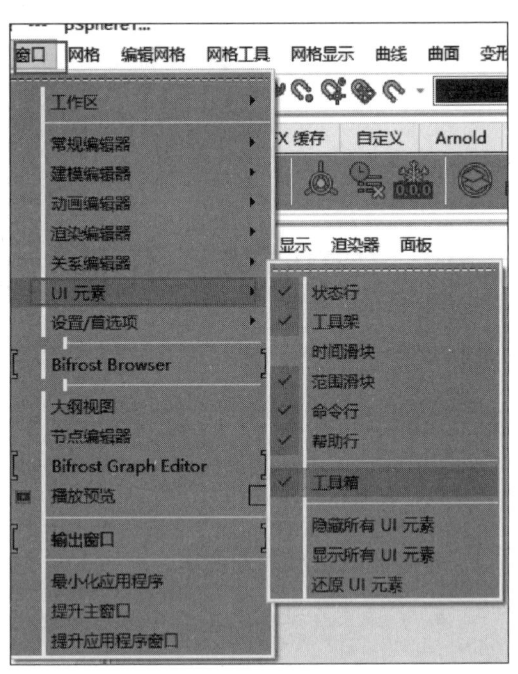

图 2-112　工具箱

也可以点击键盘上的 B 键打开软选择，按住鼠标中键左右拖动，控制范围大小，如图 2-113 所示。

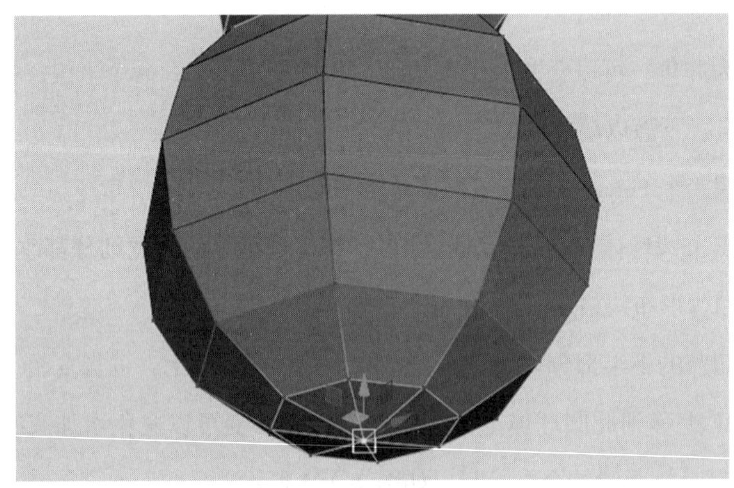

图 2-113　软选择范围调整

以上，葫芦的主体部分完成，然后做葫芦口。选择编辑网格 Chamfer Vertices（切角顶点）工具，将一个顶点变成一个面，如图 2-114 所示。

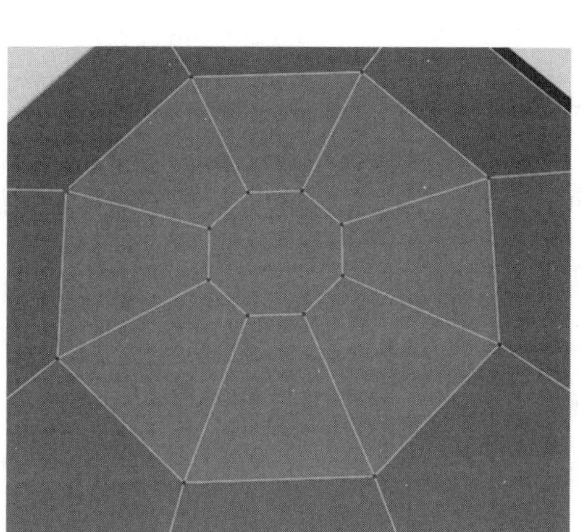

图 2–114　切角顶点

将顶点一个点炸开，选择面进行挤出，挤出命令处于工具栏 或 Ctrl+E 或 Edit Mesh–Extrude（编辑网格—挤出）。

挤出后，通过缩放和旋转工具调整模型。然后点击 G 键重复上一次操作，再挤出并旋转、缩放。完成大致形状制作后，点击 3 在 Smooth 模式下查看最终效果，如图 2–115 所示。

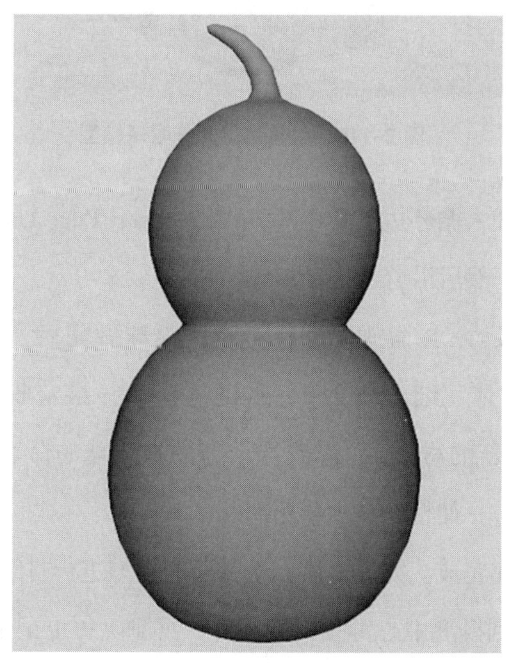

图 2–115　最终完成效果

二、Difference 差集

第二种为差集，可以将两个多边形对象进行相减运算，以消去对象与其他对象的相交部分，同时也会消去替他对象。以眼球模型作为示例。

建立一个球，将其长宽细分都改为 8，在原坐标轴的基础上，将这个球进行复制（Ctrl+D）并 W 上移，R 缩放（建议通过修改属性面板的缩放数值）。选中两个物体，想保留哪个物体就先选择哪个物体，这时则会消去相交部分与另一个物体，点击 Difference，如图 2–116 所示。

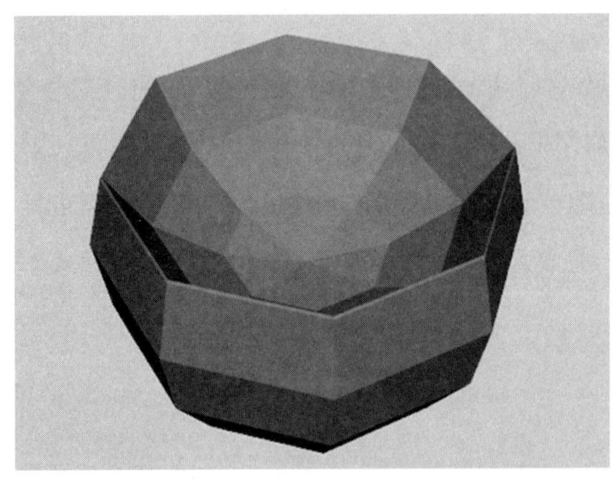

图 2–116　差集运算制作眼球模型

这时，可以利用插入循环边工具（Mesh Tool–Insert Edge Loop）将眼球里边的部分进行微调。点击工具，然后沿着线拖动加线。

点击线进行 W 移动，R 缩放，进行微调。眼球做完后，需要制作眼球外部的巩膜。创建一个圆球体，细分改为 8，右键选择面—指定收藏材质—Lambert，给新的圆球体指定一个新的材质 1。修改这个新的材质球的命名。然后调节新球体的 Transparency（透明度），使模型显示半透明。

此时眼球模型制作完成。完成之后，选择所有模型进行打组，其快捷键是 Ctrl+G。之后将模型轴心设置到模型中心再吸附到原点，再删除历史记录并在大纲视图中合理命名，养成良好的模型整理习惯。效果如图 2–117 所示。

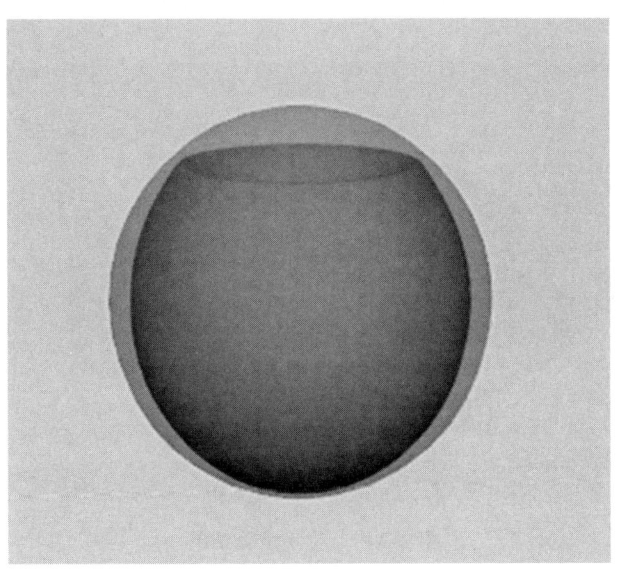

图 2–117　眼球模型完成效果

三、Intersection 交集

第三种为交集，可以保留两个多边形对象的相交部分，同时会去除其余部分。创建两个圆球体，细分改为 8，并移动至图 2–118 所示位置。

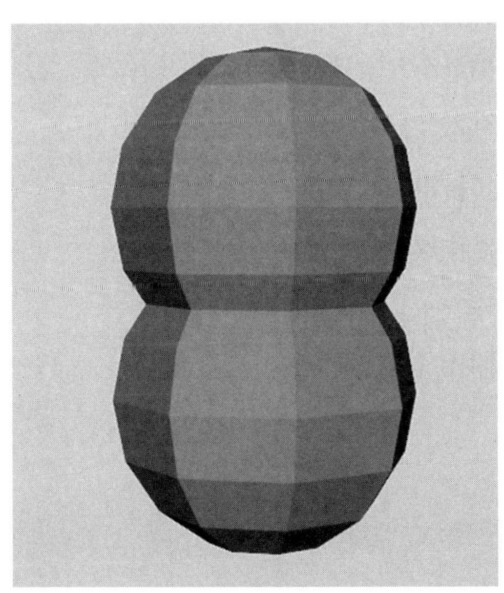

图 2–118　创建两个圆球体

依次选择两个模型，点击 Intersection，得出计算结果，如图 2–119 所示。

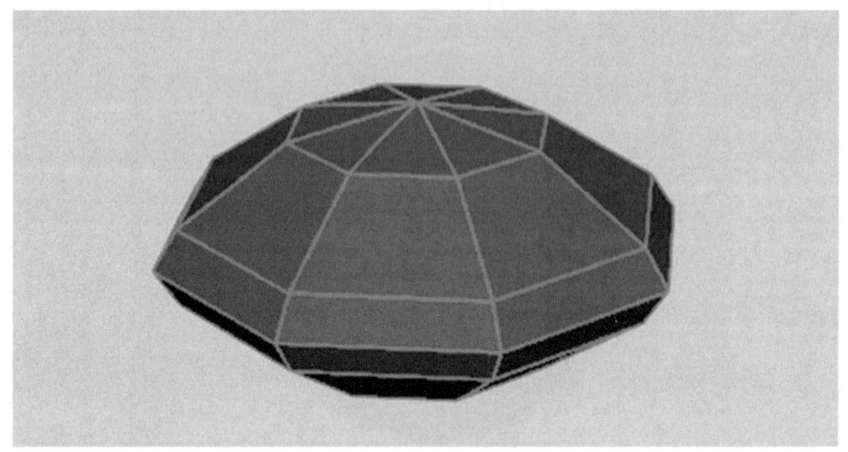

图 2–119　交集运算结果

可以根据想象使用模型的布尔运算功能做出多种造型，如放大镜等。布尔运算的原理在于对形状进行计算，在同一空间内进行交集、并集、差集等属性运算。

布尔运算的目的在于用最少的面、命令、时间、操作、历史记录来达到最满意的效果。它有节省操作量（历史记录），节省面，做出来的模型标准等优点。

思考题

1. 构成多边形模型的最小元素是什么？
2. 列举软件中 5 种基本几何体。
3. 使用基本几何体拼搭出书桌模型。
4. 使用样条线工具制作饮料瓶模型。
5. 使用布尔运算制作汽车轮胎模型。
6. 综合本章内容，制作卧室场景。

第三章 制作材质

材质描述了场景中物体与光照进行交互的过程，它是决定物体表面外观的最重要部分之一。材质的本质是一个能够描述物体显示外观数据集，主要功能就是给渲染器提供数据和光照算法。贴图就是其中数据的一部分，根据用途不同，贴图也会被分成不同的类型。人们在虚拟世界中对物体的颜色、反射、透明等主观感受，都离不开材质系统的支持。因此，优秀的材质表现是构建虚拟世界恢宏壮美景象的基石。

本章从基础操作、材质编辑器、实际案例等方向出发，介绍了典型的三维材质系统工作方式，是虚拟现实项目的重要组成部分。

- **职业功能：**掌握三维软件中材质系统的使用。
- **工作内容：**通过学习三维软件材质相关知识，能够掌握材质制作技能。
- **专业能力要求：**能命名、赋予、删除模型的材质，能链接不同类型贴图与材质通道，能操作三维软件的材质编辑器。
- **相关知识要求：**数字资源命名规则；材质通道和贴图属性相关知识；三维软件材质编辑器参数知识。

第一节　材质的命名、赋予、删除

考核知识点及能力要求：

- 了解材质系统基本知识。
- 了解材质管理相关知识。

一、材质概述

在三维软件中，物体曲面外观由物体本身的材质和周围环境灯光决定，用户可以通过控制对象的材质和场景灯光来控制对象的曲面外观质感。其中材质也称为着色器，用于定义对象的基质，主要包括物体颜色、透明度、光泽度等物理或光学特性，这些特性可以描述物体如何吸收、反射或透射灯光。更为复杂的颜色、透明度、光泽度、曲面起伏、反射或大气等因素则由纹理贴图来定义。

材质技术在三维软件中可以真实地反映出物体的颜色、纹理、透明、光泽以及凹凸质感，使三维作品看起来生动、活泼。图 3–1 所示为某型通用三维软件中使用材质相关命令制作出来的各种不同物体的质感表现。

二、材质基本操作

在真实世界中，用户可以通过视觉、触觉等感官感觉来体会物体的样貌、质感等，而在三维软件构建的虚拟世界中，这一切则由对象的材质和灯光进行模拟创作，当灯光照射到对象时，一些灯光会被吸收，一些灯光会被反射；对象越平滑，则越有光泽；

图 3–1　效果图

对象越粗糙，则越暗淡。由此可以看出，材质属性与灯光属性相辅相成，物体材质属性体现受灯光的影响。因此，用户在设计材质前，需要了解一些材质基本概念的含义和该软件中有关材质方面的常用名词，以便为以后的学习创作做好准备。

- 曲面着色：曲面着色是对象的基本材质和应用于它的任何纹理的组合。

- 节点：节点是该软件中非常重要的概念，包括常说的渲染节点、材质节点、贴图节点、灯光节点等。它是该软件中最小的计算单位，每个节点都是一个属性组，可以输入、输出和保存属性。在建模、材质、灯光、动力学或动画等各方面，节点无处不在，而该软件中各种材质的变化完全依赖于节点及节点网络的变化，故一个材质制作人员必须知道节点的概念和用途。

- 漫反射：对象表面反映出的颜色，即通常提及的对象颜色，因灯光和环境因素的影响而有所偏差。

- 高光反射：物体表面高亮处显示的颜色，反映了照亮灯光的颜色，当其颜色与漫反射颜色相符时，会产生一种无光效果，从而降低材质的光泽性。

- 半透明：该属性可以使场景中的对象产生透明效果，而使用贴图可以产生局部透明效果。

- 反射 / 折射：反射是指光线投射到物体表面后，根据入射角度将光线反射出去，如平面镜可以使对象表面反映反射角度方向；折射是指光线透过对象后，改变了原有的光线的投射角度，使光线产生偏差，如透过水面看对象。

该软件在默认状态下为场景中的所有物体指定了同一个灰颜色的材质球，这就是为什么在该软件中创建出来的模型均是同一个色彩的原因。在新的场景中随意创建一个多边形几何体，在其“属性编辑器”面板中找到最后一个选项卡，就可以看到这个材质的类型及参数选项。

一般来说，在进行项目制作时，不会更改这个默认材质球。一旦更改了这个材质球的默认颜色，以后再次在该软件中创建出来的几何体将全部被该颜色替代。通常的做法是在场景中逐一选择单个模型对象，再逐一指定全新的材质球来进行材质调整。

（一）材质的指定方式

该软件为用户提供多种为物体添加材质球的方式，下面分别来看一下这些操作如何完成。

1. 通过工具架来为物体指定新材质

该软件的“渲染”工具架里提供了多个不同类型的材质球供用户选择，具体操作步骤如下。

（1）切换至“渲染”工具架，可以看到“创建摄影机”图标后面就是与材质有关的图标命令，如图 3–2 所示。

图 3–2 工具架面板

（2）选择场景中的任意对象，单击“渲染”工具架上的“Lambert 材质”图标，即可为鼠标当前选择的对象指定一个新的 Lambert 材质球。

2. 通过右键菜单来为物体指定新材质

除了使用“渲染”工具架里的图标来为物体指定新材质，该软件还可以通过右键快捷菜单来为物体指定一个新的材质球，具体操作步骤如下：

（1）在场景中选择一个物体，单击鼠标右键，在弹出的菜单中执行“指定新材质”命令。

（2）在弹出的“指定新材质”对话框中，选择 Lambert 命令，即可为当前选择的对象指定一个新的 Lambert 材质球。

（二）材质关联

在实际工作中，常常遇到这样的情况，那就是场景中的多个对象需要使用同一个材质。很显然可以分别为这些对象逐一指定材质球，并将其参数一个一个复制到这些材质球里，但是这样会使工作量很大，并且不利于后期的材质修改。这就需要在为这些需要相同材质的物体指定材质时，将这些物体的材质相互关联起来。对同一个材质球进行修改调整即可，避免了大量的重复调试工作。

该软件材质关联的具体操作步骤如下：

1. 在场景中新建 3 个多边形球体模型，选择其中的一个球体，先为其指定一个新的 Lambert 材质球。

2. 执行“窗口”“渲染编辑器”“Hypershade”命令，打开 Hypershade 面板。在该面板中，可以看到现在的场景里有两个 Lambert 材质球，其中一个 Lambert 材质球的名称为 Lambert1，是该软件在默认状态下为场景中的所有物体添加的共用材质球；另一个 Lambert 材质球的名称为 Lambert2，是刚刚添加的新的 Lambert 材质球。

3. 选择场景中其他两个球体，将鼠标移至 Hypershade 面板中的 Lambert2 材质球上，单击鼠标右键，在弹出的命令中选择“为当前选择指定材质”命令，即可将当前所选择的物体材质关联到 Lambert2 材质球上，也就是说现在场景中这 3 个球体所使用的是同一个材质球。

三、Hypershade 面板

该软件为用户提供了一个方便管理场景里所有材质球的工作界面，就是 Hypershade 面板。如果该软件用户对 3ds Max 有所了解，亦可将 Hypershade 面板理解为 3ds Max 软件里的材质编辑器。Hypershade 面板由多个不同功能的选项卡组合而成，包括“浏览器”选项卡、“材质查看器”选项卡、“创建”选项卡、“存储箱”选项卡、“工作区”选项卡及“特性编辑器”选项卡。

在该软件中，Hypershade 为材质编辑器，也可称之为超级着色器，用户可以在菜单栏中执行“窗口 / 渲染编辑器 Hypershade”命令，或是单击状态行中渲染图标组下的按钮，打开 Hypershade 窗口。Hypershade 是该软件渲染的中心工作区域，用户可以利用该窗口来创建、编辑和连接渲染节点（如纹理、材质、灯光、渲染工具和特殊效果），也可以在其中构建着色网络。

（一）菜单栏

菜单栏位于 Hypershade 窗口的顶部，利用菜单栏可以创建或删除节点和纹理图片，还可以对材质节点以及节点工具进行连接和属性的编辑。Hypershade 的菜单栏由“文件”“编辑”“视图”“创建”“选项卡”“图表”“窗口”“选项”和“帮助”多个菜单组成。

（二）“浏览器”选项卡

“浏览器”位于菜单栏的下方区域，由“工具栏”和“样本分类区”两部分组成。用户可以通过“工具栏”中的工具来编辑和调整材质节点在样本区中的显示方式；利用“样本分类区”中的“材质”“纹理”“工具”“灯光”“摄影机”等多个选项卡将节点网络进行分类，从而方便用户查找相应的节点。Hypershade 面板中的选项卡可以以拖曳的方式单独拿出来。

常用参数解析：

- 材质和纹理的样例生成：该按钮提示用户现在可以启用材质和纹理的样例生成功能。
- 关闭材质和纹理的样例生成：该按钮提示用户现在关闭材质和纹理的样例生成功能。
- 图标：以图标的方式显示材质球。
- 列表：以列表的方式显示材质球。
- 小、中、大、特大样例：以不同大小的样例的方式显示材质球。
- 按名称：按名称字母的排序来排列材质球。
- 按类型：按类型来排列材质球。
- 按时间：按创建时间先后顺序来排列材质球。

- 按反转顺序：使用此选项可反转排序指定的名称、类型或时间。

（三）“创建”选项卡

创建栏用来创建材质、纹理、灯光、工具等节点，单击该栏中相应的节点名称，即可在工作区中创建相应的材质或纹理等节点，同时还将在“样本分类区”对应的选项卡中显示出相应的材质球或纹理、灯光图标。“创建”选项卡主要用来查找该软件材质节点命令，并在 Hypershade 面板中进行材质创建，如图 3-3 所示。

图 3-3　选项面板

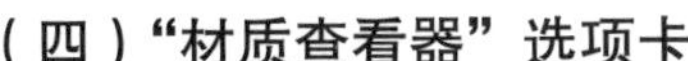

（四）“材质查看器”选项卡

“材质查看器”选项卡里提供了多种形体用来直观地显示调试后的材质预览，而不是仅仅以一个材质球的方式来显示材质。材质的形态计算采用了“硬件”和 Arnold 这两种方式。根据渲染器不同，相同材质的显示结果也有差别。

“材质查看器”选项卡里的“材质样例选项”中提供了多种形体用于材质的显示，有“材质球”“布料”“茶壶”“海洋”“海洋飞溅”“玻璃填充”“玻璃飞溅”“头发”“球体”和“平面”这十种方式可选。

1.“材质球”样例

材质样例设置为“材质球”后的显示效果如图 3–4 所示。

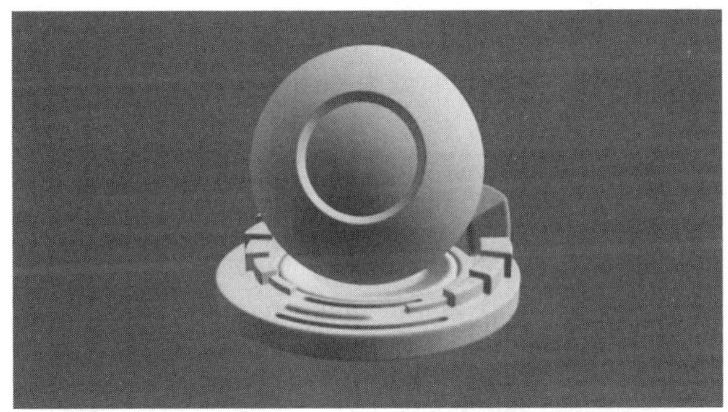

图 3–4 “材质球”样例

2.“布料”样例

材质样例设置为“布料”后的显示效果如图 3–5 所示。

图 3–5 “布料”样例

3.“茶壶”样例

材质样例设置为“茶壶”后的显示效果如图 3–6 所示。

图 3–6　“茶壶”样例

4.“海洋”样例

材质样例设置为“海洋”后的显示效果如图 3–7 所示。

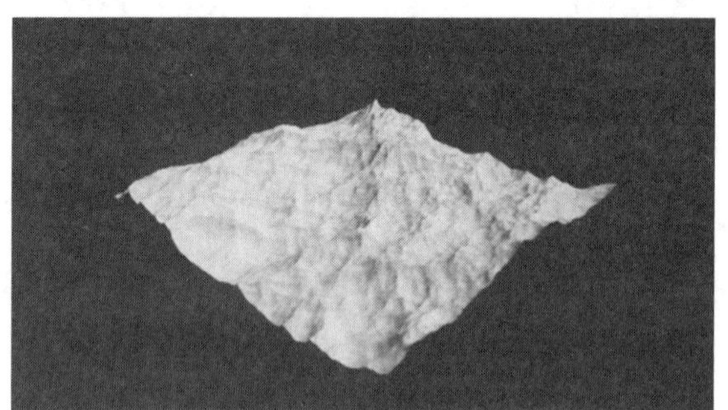

图 3–7　“海洋”样例

5.“海洋飞溅”样例

材质样例设置为“海洋飞溅”后的显示效果如图 3–8 所示。

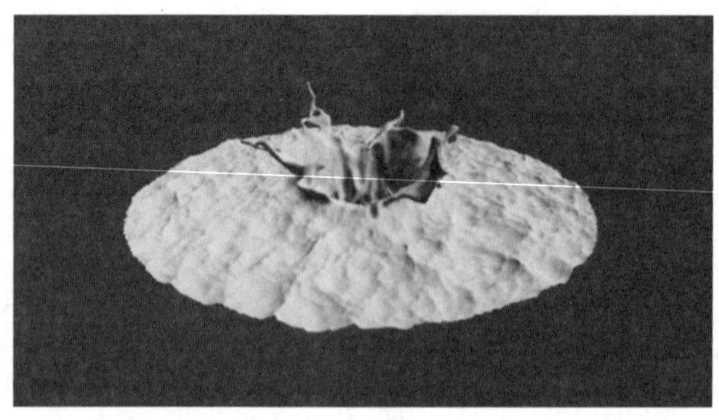

图 3–8　“海洋飞溅”样例

6.“玻璃填充”样例

材质样例设置为“玻璃填充”后的显示效果如图 3–9 所示。

图 3–9　“玻璃填充”样例

7.“玻璃飞溅”样例

材质样例设置为“玻璃飞溅”后的显示效果如图 3–10 所示。

图 3–10　“玻璃飞溅”样例

8.“头发”样例

材质样例设置为“头发”后的显示效果如图 3–11 所示。

图 3–11　“头发”样例

9.“球体”样例

材质样例设置为“球体”后的显示效果如图 3–12 所示。

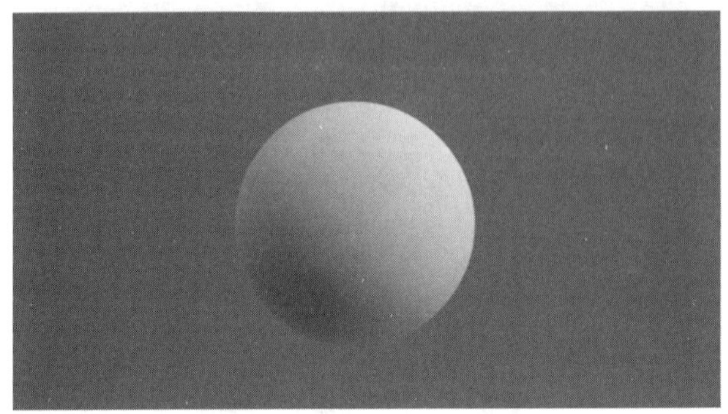

图 3–12　“球体”样例

10.“平面”样例

材质样例设置为“平面”后的显示效果如图 3–13 所示。

图 3–13　“平面”样例

（五）“工作区”选项卡

“工作区”选项卡主要用来显示及编辑该软件的材质节点，单击材质节点上的命令，可以在“特性编辑器”选项卡中显示出对应的一系列参数，如图 3–14 所示。

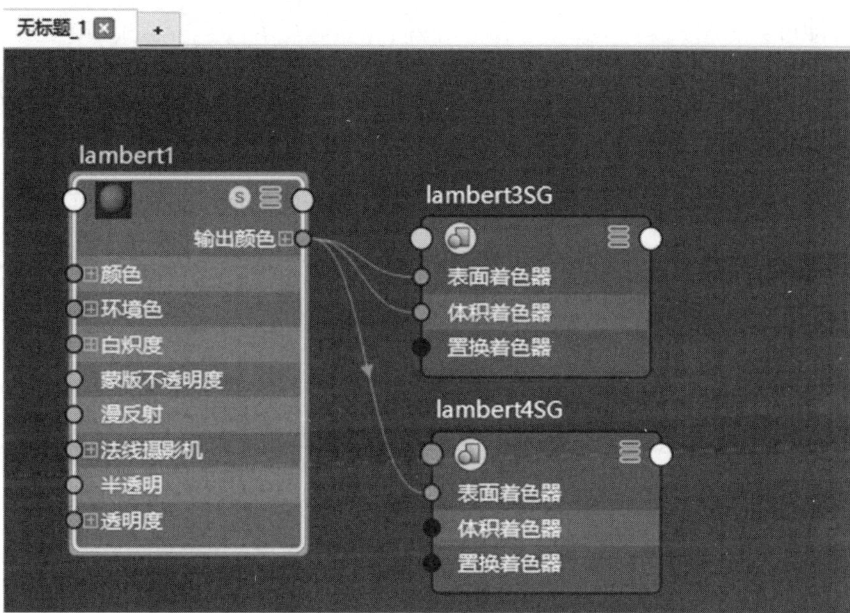

图 3–14　材质节点

第二节　贴图与材质通道

考核知识点及能力要求：

- 了解贴图与材质通道基本知识。
- 了解材质通道使用相关知识。

创建材质节点有两种常用的方法，第一种是在“节点创建栏”中选择要创建的材质并单击。第二种是在“材质编辑器”菜单栏中单击“创建”按钮，然后选择需要创建的材质即可。

材质的通用属性是指大部分材质都有的属性，例如颜色、透明度、环境色、白炽度等，下面介绍材质“公用材质属性”卷展栏下通用属性的含义。

- 颜色：材质的颜色，双击色块会弹出颜色选择的对话框，在该对话框中可以根据需要设置相应的颜色，默认情况下是 HSV 模式，也可以切换为 RGB 模式。
- 透明度：该参数用来控制物体的透明度，默认情况下是完全不透明，可以根据需要进行设置。
- 环境色：该参数用于控制对象受周围环境的影响，默认情况下为黑色，这时它并不会影响材质的颜色，当环境色的亮度提高时，它会影响材质的阴影和中间调部分。
- 白炽度：用于模拟物体的自发光效果，但是并不会照亮其他的物体，当白炽度的亮度值增大时，它会影响材质的阴影和中间调部分，图 3–15 为白炽度亮度最高和最低的对比。

图 3–15　白炽度对比

- 凹凸贴图：通过对凹凸映射纹理的像素颜色的强度进行取值，在渲染时改变模型表面法线，使模型看上去有凹凸的感觉，实际上模型的表面并没有发生任何改变。
- 漫反射：用于控制模型表面光线的漫反射强弱的效果，漫反射的值越高，越接近设置的表面颜色，它只影响材质的中间调部分，默认值为 0.8。

• 半透明：半透明是指一种材质允许光线通过，但是该材质并不会产生透明的效果，常用来模拟蜡烛、花瓣、树叶的效果。

创建一个 Blinn 材质球，在它的属性通道盒中展开“镜面反射着色”卷展栏，其中的属性也是大部分材质共有的属性。下面将对“镜面反射着色”卷展栏下各属性的含义进行介绍。

• 偏心率：该参数用来控制高光扩散的大小，数值越大，高光点就越大。

• 镜面反射衰减：该参数用于控制高光的强度，数值越小，高光就越弱。

• 镜面反射颜色：该参数用于控制高光的颜色，可双击色块选择需要的颜色。

• 反射率：该参数用于控制物体反射的强度。

• 反射的颜色：该参数用于控制反射的颜色，可双击色块选择需要的反射颜色。

第三节　材 质 编 辑

考核知识点及能力要求：

• 了解三维软件材质编辑器使用知识。

• 了解材质类型相关知识。

• 了解纹理节点的应用知识。

一、材质类型

该软件为用户提供了多个常见的、不同类型的材质球图标，这些图标被整合到了“渲染”工具架中，非常便于用户使用，如图 3–16 所示。

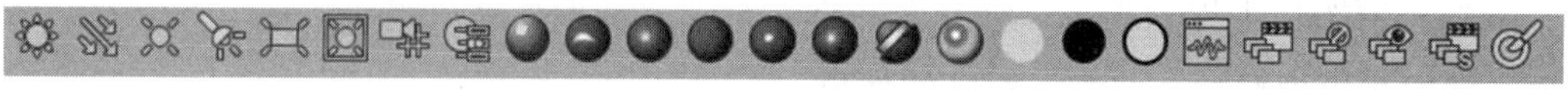

图 3–16 “渲染”工具架

常用工具解析：

- 编辑材质属性：显示着色组属性编辑器。
- 标准曲面材质：将新的标准曲面材质指定给活动对象。
- 各向异性材质：各向异性材质常用来模拟具有细微凹槽的表面，例如，头发、CD 光盘等。该工具将新的各向异性材质指定给活动对象。
- Blinn 材质：Blinn 材质主要用来模拟金属和玻璃的效果，它具有金属表面和玻璃表面特性。该工具将新的 Blinn 材质指定给活动对象。
- Lambert 材质：Lambert 材质常用来模拟不光滑没有高光的物体，如木头、墙壁等，它没有高光、反射等属性。该工具将新的 Lambert 材质指定给活动对象。
- Phong 材质：Phong 材质常用于模拟光滑的、表面有光泽的物体，如水和玻璃等，它具有较强的高光。该工具将新的 Phong 材质指定给活动对象。
- Phong E 材质：Phong E 能根据材质的透明度控制高光区的效果。该工具将新的 Phong E 材质指定给活动对象。
- 分层材质：将新的分层材质指定给活动对象。
- 渐变材质：渐变着色器上的很多属性都可以用渐变颜色来控制，它可以对物体的渲染点进行采样，再用渐变颜色重新分布到物体的表面。该工具将新的渐变材质指定给活动对象。
- 着色贴图：将新的着色贴图指定给活动对象。
- 表面材质：将新的表面材质指定给活动对象。
- 使用背景材质：将新的使用背景材质指定给活动对象。

（一）各向异性材质

各向异性材质可以制作出椭圆形的高光，非常适合 CD 碟、绸缎、金属等物体的材质模拟，其命令主要由“公用材质属性”“镜面反射着色”“特殊效果”和“光线跟踪选项”这几个卷展栏组成。

1.“公用材质属性”卷展栏

顾名思义“公用材质属性”卷展栏是该软件多种类型材质球公用的一个材质属性命令集合，比如，Blinn 材质、Lambert 材质、Phong 材质等，均有这样一个相同的卷展栏命令集合。

常用参数解析：

- 颜色：控制材质的基本颜色。
- 透明度：控制材质的透明程度。
- 环境色：用来模拟环境对该材质球所产生的色彩影响。
- 白炽度：用来控制材质发射灯光的颜色及亮度。
- 凹凸贴图：通过纹理贴图来控制材质表面的粗糙纹理及凹凸程度。
- 漫反射：使得材质能够在所有方向反射灯光。
- 半透明：使得材质可以透射和漫反射灯光。
- 半透明深度：模拟灯光穿透半透明对象的程度。
- 半透明聚焦：控制半透明灯光的散射程度。

2.“镜面反射着色”卷展栏

“镜面反射着色”卷展栏主要控制材质反射灯光的方式及程度，其命令参数如图 3–17 所示。

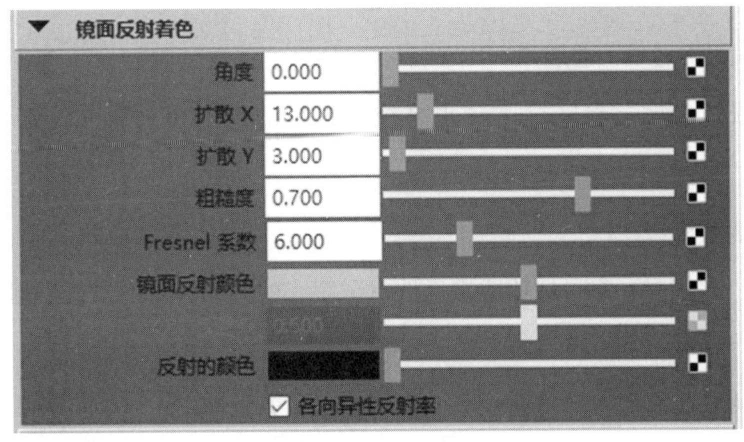

图 3–17　镜面反射着色参数调节面板

常用参数解析：

- 角度：确定高光角度的方向，范围为 0.0（默认值）~ 360.0，用于确定非均匀镜面反射高光的 X 和 Y 方向。
- 扩散 X/ 扩散 Y：确定高光在 X 和 Y 方向上的扩散程度。X 方向是 U 方向逆时针旋转指定角度。Y 方向与 UV 空间中的 X 方向垂直。
- 粗糙度：确定曲面的总体粗糙度，范围为 0.01 ~ 1.0，默认值为 0.7。较小的值对应较平滑的曲面，并且镜面反射高光较集中。较大的值对应较粗糙的曲面，并且镜面反射高光较分散。
- Fresnel 系数：计算将反射光波连接到传入光波的 fresnel 因子。
- 镜面反射颜色：表面上闪耀的高光的颜色。
- 反射率：控制材质表面反射周围物体的程度。
- 反射的颜色：控制材质反射光的颜色。
- 各向异性反射率：如果启用，该软件将自动计算“反射率”作为“粗糙度”的一部分。

3.“特殊效果”卷展栏

“特殊效果”卷展栏用来模拟一些发光的特殊材质。

常用参数解析：

- 隐藏源：勾选该选项可以隐藏该物体渲染，仅进行辉光渲染计算。
- 辉光强度：控制物体材质的发光程度。

4.“光线跟踪选项”卷展栏

“光线跟踪选项”卷展栏主要用来控制材质的折射相关属性，其命令参数如图 3–18 所示。

常用参数解析：

- 折射：启用时，穿过透明或半透明对象跟踪的光线将折射，或根据材质的折射率弯曲。
- 折射率：指光线穿过透明对象时的弯曲量，要想模拟出真实的效果，该值的设置可以参考现实中不同物体的折射率。

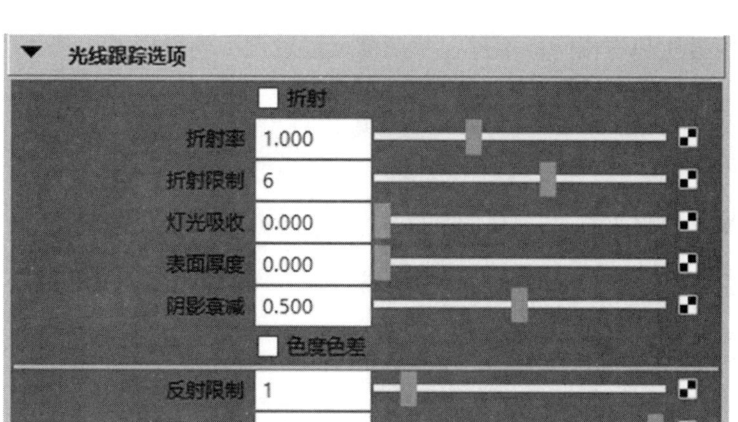

图 3–18　光线跟踪参数设置面板

- 折射限制：指曲面允许光线折射的最大次数，折射的次数应该由具体的场景情况决定，如图 3–19 所示。

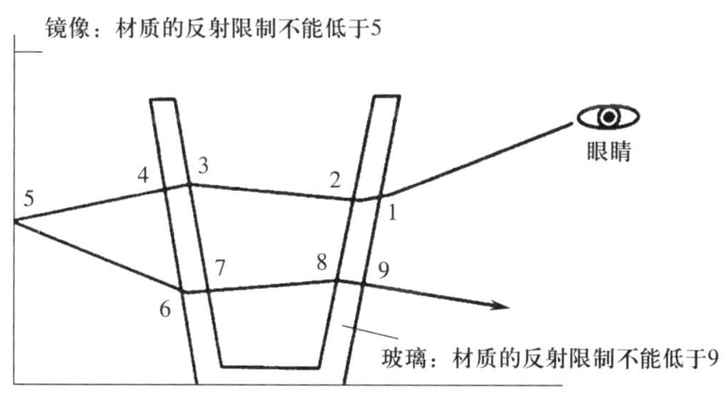

图 3–19　折射限制解析

- 灯光吸收：控制材质吸收灯光的程度。
- 表面厚度：控制材质所要模拟的厚度。
- 阴影衰减：通过控制阴影来影响灯光的聚焦效果。
- 色度色差：指在光线跟踪期间，灯光透过透明曲面时以不同角度折射的不同波长。
- 反射限制：指曲面允许光线反射的最大次数。
- 镜面反射度：控制镜面高光在反射中的影响程度。

（二）Blinn 材质

Blinn 材质可以用来模拟具有柔和镜面反射高光的金属曲面及玻璃制品，其参数设置与各向异性材质基本相同，不过在“镜面反射着色”卷展栏上，其命令参数设置略有不同。

常用参数解析：

- 偏心率：控制曲面上发亮高光区的大小。
- 镜面反射衰减：控制曲面高光的强弱。
- 镜面反射颜色：控制反射高光的颜色。
- 反射率：控制材质反射物体的程度。
- 反射的颜色：控制材质反射的颜色。

（三）Lambert 材质

Lambert 材质没有控制跟高光有关的属性，是该软件为场景中所有物体添加的默认材质。该材质的属性可以参考各向异性材质内各个卷展栏内的命令。

（四）Phong 材质

Phong 材质常常用来模拟表示具有清晰的镜面反射高光的像玻璃一样的或有光泽的曲面，比如汽车、电话、浴室金属配件等。其参数设置与各向异性材质基本相同，不过与 Blinn 材质相似的是，Phong 材质也是在“镜面反射着色”卷展栏上，其中的命令参数设置与各向异性材质和 Blinn 材质略有不同。

常用参数解析：

- 余弦幂：控制曲面上反射高光的大小。
- 镜面反射颜色：控制反射高光的颜色。
- 反射率：控制材质反射物体的程度。
- 反射的颜色：控制材质反射的颜色。

（五）Phong E 材质

Phong E 材质是 Phong 材质的简化版本，Phong E 曲面上的镜面反射高光较 Phong 曲面上的更为柔和，且 Phong E 曲面渲染的速度更快。其“镜面反射着色”卷展栏的参数与其他材质略有不同，如图 3–20 所示。

常用参数解析：

- 粗糙度：控制镜面反射度的焦点。

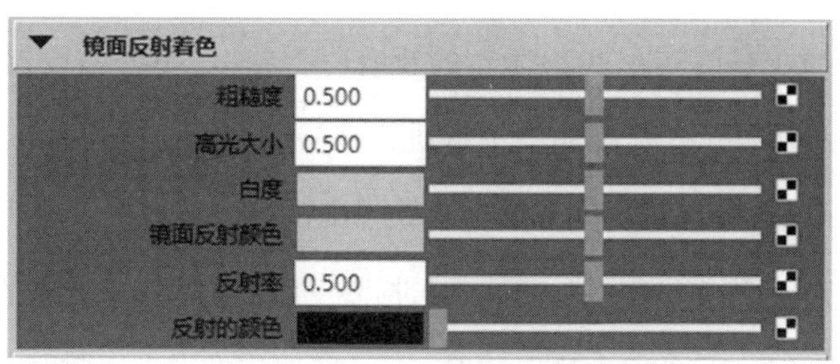

图 3–20　镜面反射着色参数设置面板

- 高光大小：控制镜面反射高光的数量。
- 白度：控制镜面反射高光的颜色。
- 镜面反射颜色：控制反射高光的颜色。
- 反射率：控制材质反射物体的程度。
- 反射的颜色：控制材质反射的颜色。

（六）使用背景材质

使用背景材质可以将物体渲染成为跟当前场景背景一样的颜色，其命令参数如图 3–21 所示。

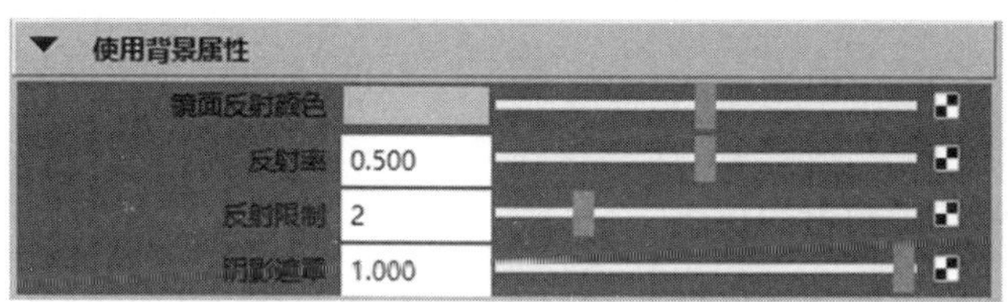

图 3–21　背景属性参数设置面板

常用参数解析：

- 镜面反射颜色：定义材质的镜面反射颜色。如果更改此颜色或指定其纹理，场景中的反射将显示这些更改。
- 反射率：控制该材质的反射程度。
- 反射限制：控制材质反射的距离。
- 阴影遮罩：确定材质阴影遮罩的密度。如果更改此值，阴影遮罩将变暗或变亮。

（七）标准曲面材质

“标准曲面材质”是该软件 2020 版本的新增功能之一，其参数设置与 Arnold 渲染器提供的 aiStandardSurface（ai 标准曲面）材质几乎一模一样，与 Arnold 渲染器兼容性良好，而且中文显示的参数名称更加方便在该软件中进行材质制作。该功能是一种基于物理的着色器，能够生成许多类型的材质。它包括漫反射层、适用于金属的具有复杂菲涅尔的镜面反射层、适用于玻璃的镜面反射透射、适用于蒙皮的次表面散射、适用于水和冰的薄散射、次镜面反射涂层和灯光发射。可以说，“标准曲面材质”和 aiStandardSurface（ai 标准曲面）材质几乎可以用来制作日常所能见到的大部分材质。“标准曲面材质”的命令参数主要分布于“基础”“镜面反射”“透射”“次表面”“涂层”等多个卷展栏内。

1. “基础”卷展栏

展开“基础”卷展栏，其中的命令参数如图 3-22 所示。

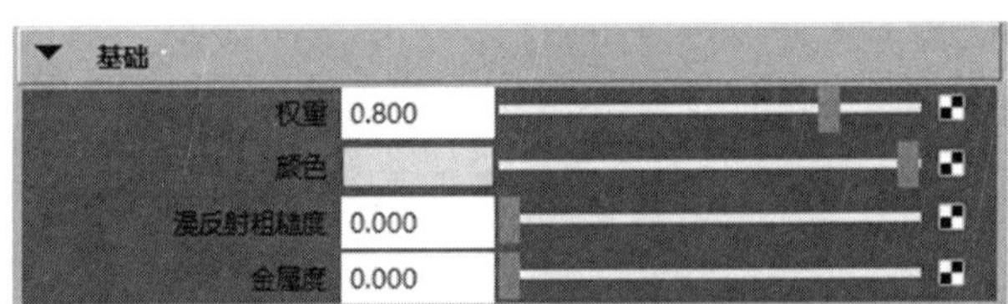

图 3-22　基础参数设置面板

常用参数解析：

- 权重：设置基础颜色的权重。
- 颜色：设置材质的基础颜色。
- 漫反射粗糙度：设置材质的漫反射粗糙度。
- 金属度：设置材质的金属度，当该值为 1 时，材质表现为明显的金属特性。

图 3-23 所示为该值是 0 和 1 的材质显示结果对比。

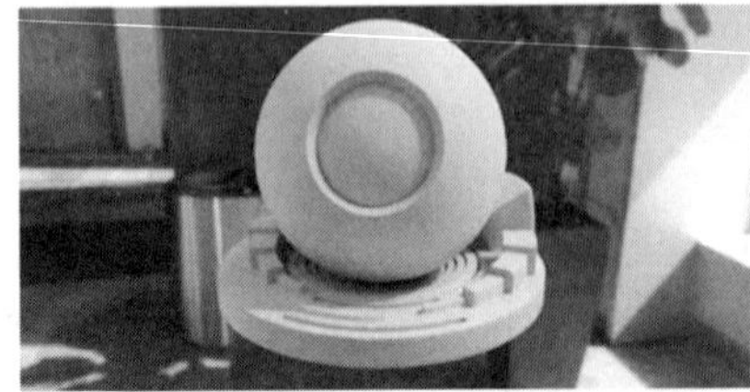

图 3-23　设置材质的金属度

2. “镜面反射” 卷展栏

展开“镜面反射”卷展栏，其中的命令参数如图 3–24 所示。

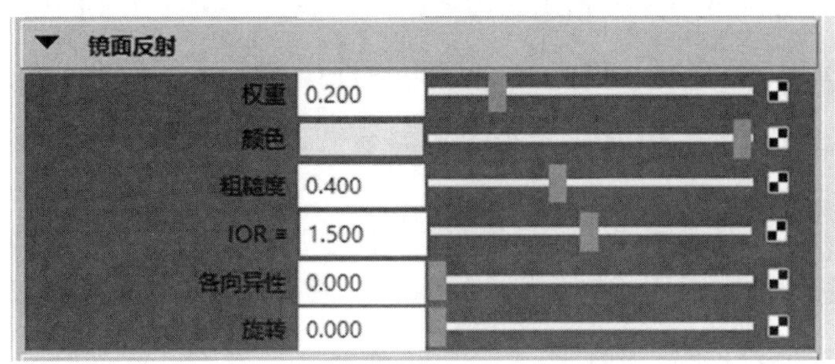

图 3–24　镜面反射参数调节面板

常用参数解析：

- 权重：用于控制镜面反射的权重。
- 颜色：用于调整镜面反射的颜色，调试该值可以为材质的高光部分进行染色。
- 粗糙度：控制镜面反射的光泽度。值越小，反射越清晰。对于两种极限条件，值为 0 将带来完美清晰的镜像反射效果，值为 1.0 则会产生接近漫反射的反射效果。
- IOR：用于控制材质的折射率，这在制作玻璃、水、钻石等透明材质时非常重要。
- 各向异性：控制高光的各向异性属性，以得到具有椭圆形状的反射及高光效果。
- 旋转：用于控制材质 UV 空间中各向异性反射的方向。

3. “透射” 卷展栏

展开“透射”卷展栏，其中的命令参数如图 3–25 所示。

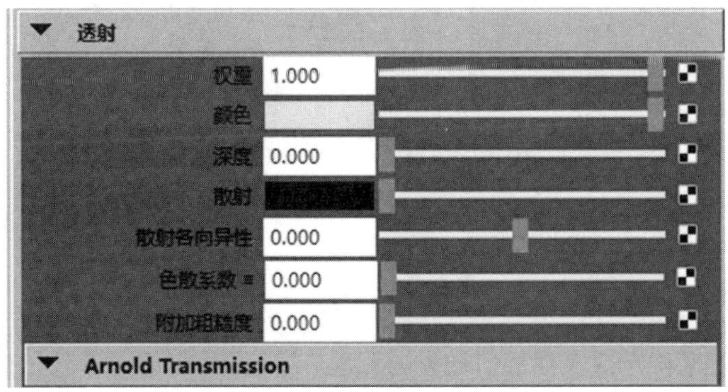

图 3–25　透射参数调节面板

常用参数解析：

- 权重：用于设置灯光穿过物体表面所产生的散射权重。

- 颜色：此项会根据折射光线的传播距离过滤折射。灯光在网格内传播得越长，受透射颜色的影响就会越大。因此，光线穿过较厚的部分时，绿色玻璃的颜色将更深。此效应呈指数递增，可以使用比尔定律进行计算。建议使用精细的浅颜色值。

- 深度：控制透射颜色在体积中达到的深度。

- 散射：透射散射适用于各类稠密的液体或者有足够多的液体能使散射可见的情况，例如，模拟较深的水体或蜂蜜。

- 散射各向异性：用来控制散射的方向偏差或各向异性。

- 色散系数：指定材质的色散系数，用于描述折射率随波长变化的程度。对于玻璃和钻石，此值通常介于 10 ～ 70 之间，值越小，色散越多。默认值为 0，表示禁用色散。

- 附加粗糙度：对使用各向同性微面 BTDF 所计算的折射增加一些额外的模糊度。范围从 0（无粗糙度）到 1。

4.“次表面”卷展栏

展开“次表面”卷展栏，其中的命令参数如图 3–26 所示。

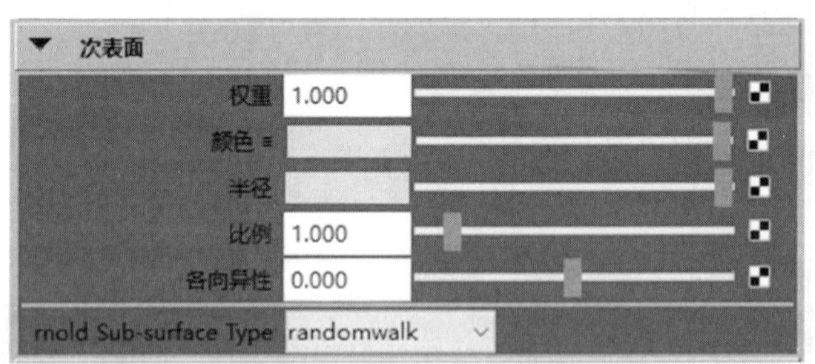

图 3–26　次表面参数调节面板

常用参数解析：

- 权重：用来控制漫反射和次表面散射之间的混合权重。

- 颜色：用来确定次表面散射效果的颜色。

- 半径：用来设置光线在散射出曲面前在曲面下可能传播的平均距离。

● 比例：控制灯光在再度反射出曲面前在曲面下可能传播的距离。它将扩大散射半径，并增加 SSS 半径颜色。

5. “涂层” 卷展栏

展开“涂层”卷展栏，其中的命令参数如图 3–27 所示。

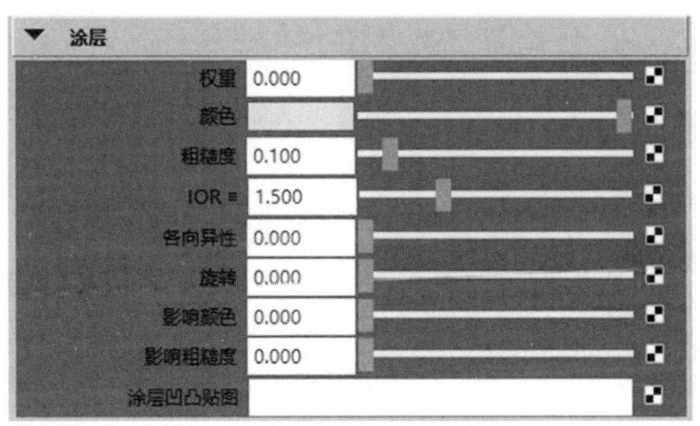

图 3–27　涂层参数调节面板

常用参数解析：

● 权重：控制材质涂层的权重值。

● 颜色：控制涂层的颜色。

● 粗糙度：控制镜面反射的光泽度。

● IOR：控制材质的菲涅尔反射率。

6. “发射” 卷展栏

展开“发射”卷展栏，其中的命令参数如图 3–28 所示。

图 3–28　发射参数调节面板

常用参数解析：

● 权重：控制发射的灯光量。

● 颜色：控制发射的灯光颜色。

7.“薄膜”卷展栏

展开“薄膜”卷展栏，其中的命令参数如图 3–29 所示。

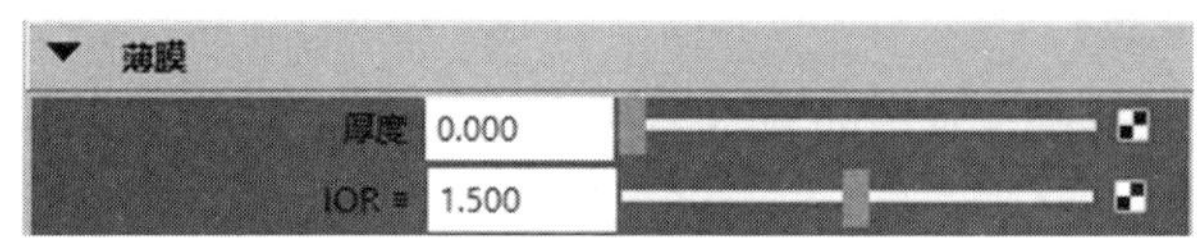

图 3–29　薄膜参数调节面板

常用参数解析：

- 厚度：定义薄膜的实际厚度。
- IOR：材质周围介质的折射率。

8.“几何体”卷展栏

展开“几何体”卷展栏，其中的命令参数如图 3–30 所示。

图 3–30　几何体参数调节面板

常用参数解析：

- 薄壁：勾选该选项，可以提供从背后照亮半透明对象的效果。
- 不透明度：控制不允许灯光穿过的程度。
- 凹凸贴图：通过添加贴图来设置材质的凹凸属性。
- 各向异性切线：为镜面反射各向异性着色指定一个自定义切线。

（八）aiStandardSurface（ai 标准曲面）材质

aiStandardSurface（ai 标准曲面）材质是 Arnold 渲染器提供的标准曲面材质，功能强大。由于其参数与该软件标准曲面材质几乎一样，所以，这里不再重复讲解。使用该软件 2020 版本保存的文件，用 2018 和 2019 这两个版本也可以打开，如果读者安装的是较早的版本，可以使用 aiStandardSurface（ai 标准曲面）材质来学习本章节中的材质案例。

二、纹理

纹理是指包裹在物体表面上的一层花纹，如木头桌子上的木纹、金属表面的锈斑、地毯上的花纹等，可以用来控制物体表面的质感，增添材质的细节。在实际的模型制作过程中，纯粹的材质（无纹理贴图）是很少使用的，使用纹理贴图一方面可以节省大量的模型运算，另一方面可以带来很强的真实感。

使用贴图纹理的效果要比仅仅使用单一颜色能更直观地表现物体的真实质感，添加了纹理，物体表面看起来会更加细腻、逼真，配合材质的反射、折射、凹凸等属性，可以使得渲染出来的场景更加真实和自然。

（一）纹理类型

该软件的纹理类型主要包括“2D 纹理”“3D 纹理”“环境纹理”和“其他纹理”这四种。2D 纹理通常作用于几何对象的表面，它的效果取决于 UV 坐标和投射的方式。3D 纹理是根据程序以三维方式生成的图案，它不受物体外观的影响，在 3D 纹理程序中可以通过对参数的调节来控制纹理和图案的效果。环境纹理类型不直接作用于物体，一般用于模拟周围的环境。其他纹理指的是分层纹理，它和层材质的效果类似。打开 Hypershade 面板，在其中的“创建”选项卡中，可以看到该软件的这些纹理分类，如图 3-31 所示。下面介绍一下较为常用的纹理。

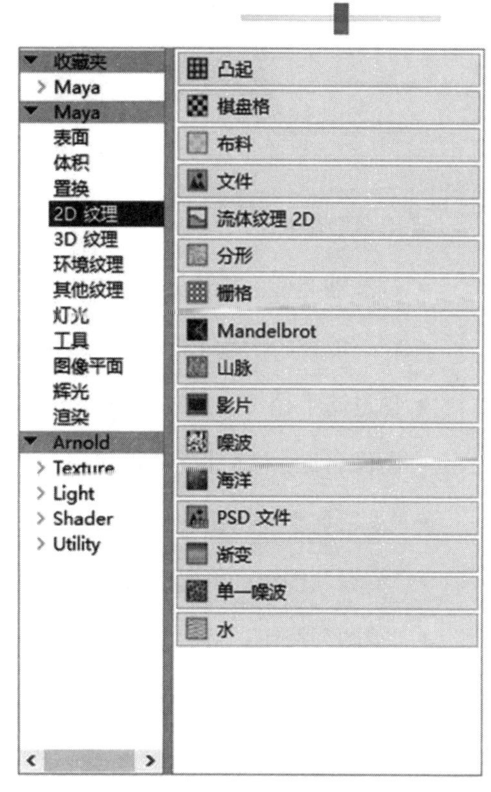

图 3-31 纹理类型面板

（二）“文件”纹理

“文件”纹理属于“2D 纹理”，该纹理允许用户使用计算机硬盘中的任意图像文件来作为材质表面的贴图纹理，是使用频率较高的纹理命令。

1. “文件属性”卷展栏

展开“文件属性”卷展栏，其中的命令参数如图 3–32 所示。

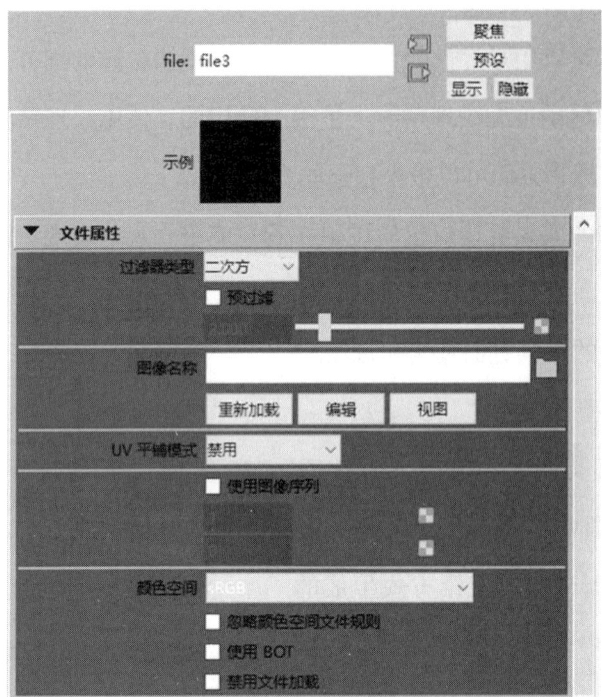

图 3–32　文件属性

常用参数解析：

- 过滤器类型：指渲染过程中应用于图像文件的采样技术。
- 预过滤：用于校正已混淆的或者在不需要的区域中包含噪波的文件纹理。
- 预过滤半径：确定过滤半径的大小。
- 图像名称：“文件”纹理使用的图像文件或影片文件的名称。
- “重新加载”按钮：单击该按钮可强制刷新纹理。
- “编辑”按钮：将启动外部应用程序，以便能够编辑纹理。
- “视图”按钮：将启动外部应用程序，以便能够查看纹理。
- UV 平铺模式：通过该下拉菜单中的选项，设置贴图的平铺纹理效果。
- 使用图像序列：勾选该选项，可以使用连续的图像序列来作为纹理贴图使用。
- 图像编号：设置序列图像的编号。

- 帧偏移：设置偏移帧的数值。
- 颜色空间：用于指定图像使用的输入颜色空间。

2.“交互式序列缓存选项”卷展栏

展开“交互式序列缓存选项”卷展栏，其中的命令参数如图 3–33 所示。

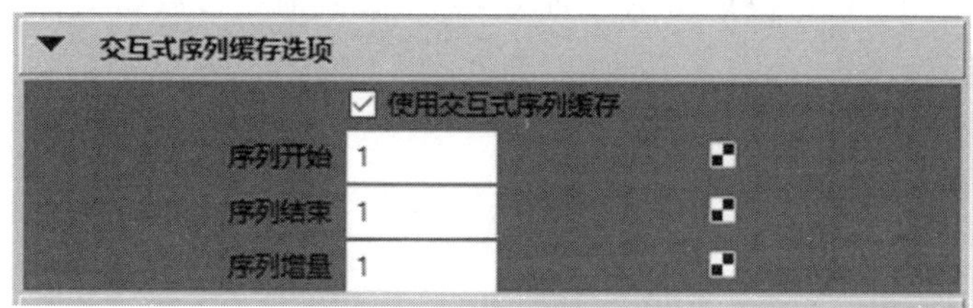

图 3–33　交互式序列缓存选项

常用参数解析：

- 使用交互式序列缓存：勾选该选项，可以激活纹理动画的序列开始、结束和序列增量参数。
- 序列开始：设置加载到内存中的第一帧的编号。
- 序列结束：设置加载到内存中的最后一帧的编号。
- 序列增量：设置每间隔几帧来加载图像序列。

（三）“棋盘格”纹理

“棋盘格”纹理属于“2D 纹理”贴图，用于快速设置两种颜色呈棋盘格式整齐排列的贴图，其命令参数如图 3–34 所示。

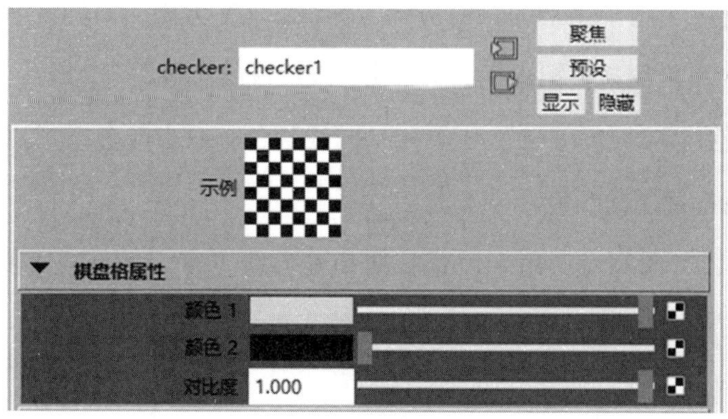

图 3–34　棋盘格属性调节面板

常用参数解析：

- 颜色 1/ 颜色 2：用于分别设置“棋盘格”纹理的两种不同颜色。
- 对比度：用于设置两种颜色之间的对比程度。

（四）“布料”纹理

“布料”纹理用于快速模拟纺织物的纹理效果，其命令参数如图 3–35 所示。

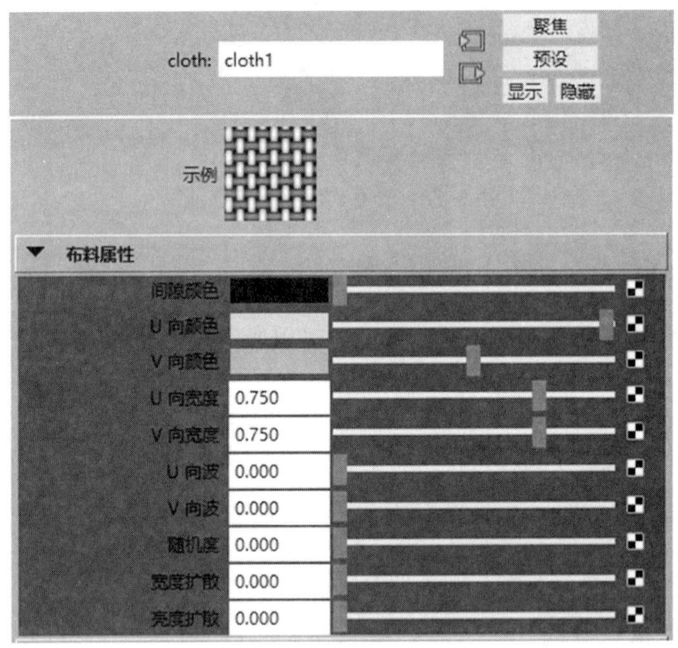

图 3–35　布料材质属性调节面板

常用参数解析：

- 间隙颜色：用于设置经线（U 方向）和纬线（V 方向）之间区域的颜色。较浅的“间隙颜色”常常用来模拟更软、更透明的线织成的布料。
- U 向颜色 /V 向颜色：设置 U 向和 V 向线颜色。双击颜色条可以打开“颜色选择器”，然后选择使用的颜色。
- U 向宽度 /V 向宽度：用于设置 U 向和 V 向线宽度。如果线宽度为 1，则丝线相接触，间隙为零。如果线宽度为 0，则丝线将消失。宽度范围为 0 ~ 1，默认值为 0.75。
- U 向波 /V 向波：设置 U 向和 V 向线的波纹，用于创建特殊的编织效果。范围为 0 ~ 0.5，默认值为 0。

- 随机度：用于设置在 U 方向和 V 方向的随机涂抹纹理程度。调整“随机度”值，可以用不规则丝线创建看起来很自然的布料，也可以避免在非常精细的布料纹理上出现锯齿和云纹图案。
- 宽度扩散：用来设置沿着每条线的长度随机化线的宽度。
- 亮度扩散：用来设置沿着每条线的长度随机化线的亮度。

（五）“大理石”纹理

“大理石”纹理用于模拟真实世界中的大理石材质，其命令参数如图 3–36 所示。

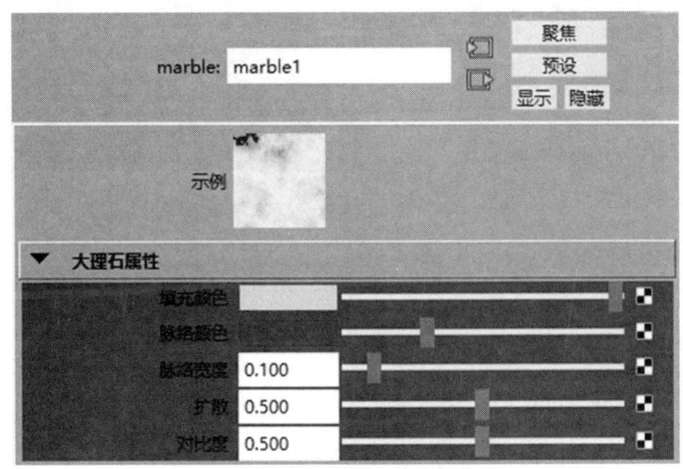

图 3–36　大理石材质参数调节面板

常用参数解析：

- 填充颜色：设置大理石的主要色彩。
- 脉络颜色：设置大理石纹理的色彩。
- 脉络宽度：设置大理石上花纹纹理的宽度。
- 扩散：控制脉络颜色和填充颜色的混合程度。
- 对比度：设置脉络颜色和填充颜色之间的对比程度。

（六）“木材”纹理

“木材”纹理可以在缺乏木材真实照片贴图的条件下，使用程序来模拟木纹效果，其命令参数如图 3–37 所示。

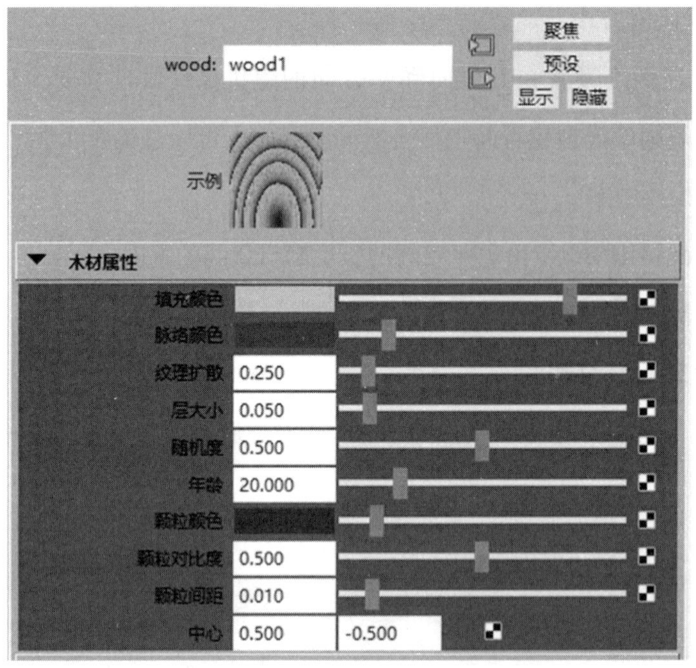

图 3–37　木材属性参数调节面板

常用参数解析：

- 填充颜色：纹理之间间距的颜色。
- 脉络颜色：设置木材的脉络颜色。
- 纹理扩散：漫反射到填充颜色中的脉络颜色数量。
- 层大小：每个层或环形的平均厚度。
- 随机度：随机化各个层或环形的厚度。
- 年龄：木材的年龄（以年为单位）。该值确定纹理中的层或环形总数，并影响中间层和外层的相对厚度。
- 颗粒颜色：木材中随机颗粒的颜色。
- 颗粒对比度：控制漫反射到周围木材颜色的“颗粒颜色”量，范围为从 0 到 1，默认值为 1。
- 颗粒间距：颗粒斑点之间的平均距离。
- 中心：纹理的同心环中心在 U 和 V 方向的位置。范围为从 –1 到 2，默认值为 0.5 和 –0.5。

三、纹理节点的操作

纹理贴图可以视为一个纹理节点，只有学会如何操作纹理节点才可以更好地控制物体表面的质感和细节，本小节将对纹理节点的操作进行介绍。

（一）创建纹理节点

1. 创建一个 Blinn 材质，按 Ctrl+A 组合键，打开它的属性面板，然后选择要创建纹理贴图的属性，这里以“颜色”属性为例，单击“颜色”右侧的方块按钮，如图 3–38 所示。

2. 在弹出的面板中包含之前所讲的四种纹理贴图类型，如图 3–39 所示。

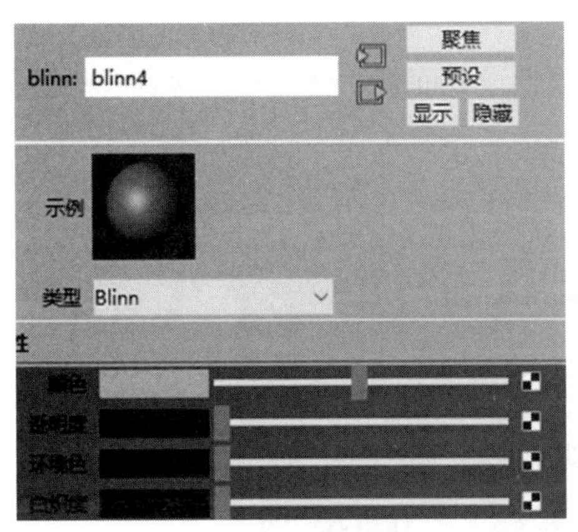

图 3–38　颜色属性

图 3–39　弹出面板

3. 选择一个合适的纹理贴图并单击。

4. 纹理贴图创建完成。

（二）纹理节点的断开

1. 选择带有纹理节点的材质球 blinn1，按 Ctrl+A 组合键打开对应的属性面板，可以看到它的“颜色”属性连接纹理贴图，在“颜色”右侧的空白处右击，在弹出的快捷菜单中选择“断开连接”命令，即可断开纹理与材质球的连接。

2. 打开 Hypershade 窗口，选择纹理节点与材质球的连接线，然后按 Delete 键，即可把它们的连接断开。

（三）纹理节点的删除

1. 打开 Hypershade 窗口，选择带有纹理节点的材质 blinn1，在工作区框选要删除的纹理节点。

2. 然后按 Delete 键，即可删除所选纹理节点，只剩下材质球和其输出节点。

（四）纹理节点的连接

1. 打开 Hypershade 窗口，选择断开的纹理节点 ramp1 和材质球 Lambert2。

2. 在 Hypershade 窗口的工作区，单击“渐变”纹理贴图上“输出颜色”前的绿色圆圈。

3. 然后选择要连接到材质的属性，这里以材质的“颜色”属性为例，在颜色属性前的红色圆圈处单击，“渐变”纹理贴图就成功连接到 Lambert 材质的“颜色”属性上。

（五）纹理的通用属性

选择 2D 纹理和 3D 纹理贴图，打开对应的属性设置面板，会发现包含着一些通用的属性，如图 3–40 所示。本小节将对这些属性的含义进行介绍，具体如下。

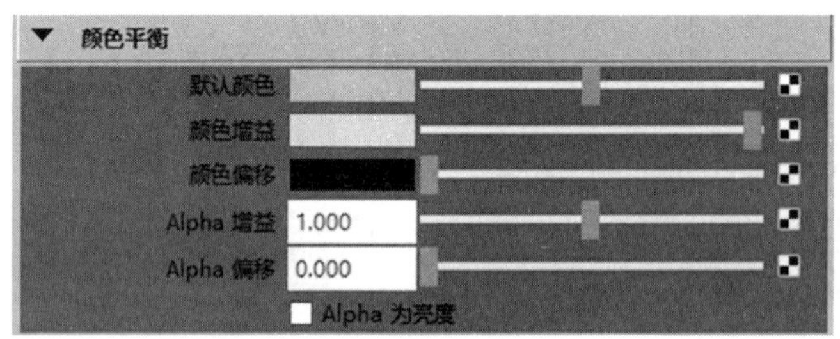

图 3–40　颜色平衡属性

常用参数解析：

- 曝光：用于控制纹理节点的曝光值。
- 默认颜色：默认的纹理颜色，可以双击色块进行颜色的设置。
- 颜色增益：该参数用于控制纹理颜色输出的强度，可调整纹理中的浅色部分。
- 颜色偏移：该参数用于控制纹理颜色输出的位移，用于调整纹理中较深的部分。
- Alpha 增益：适用于位移或凹凸纹理，可缩放纹理 Alpha 输出的系数。
- Alpha 偏移：适用于位移或凹凸纹理，可偏移纹理 Alpha 输出的系数。
- Alpha 为亮度：表示 Alpha 的输出由纹理的亮度来决定。

在制作模型材质纹理贴图时，经常会用到 2D 纹理，常用的有棋盘格、文件、分形等，它们通常贴图到几何对象的表面，下面对该软件常用的内置 2D 程序纹理的种类进行介绍。

- 棋盘格：用于模拟有两种颜色的正方形方格的效果，效果如图 3–41 所示。

图 3–41　棋盘格

- 布料：用来模拟生活中的布料效果。
- 文件：可以使用文件纹理节点为物体赋予纹理贴图。
- 分形：该节点常用来制作一些特殊的效果，它的分形纹理随机分布的效果很好。
- 渐变：常用来制作具有渐变效果的贴图。

【例 3–1】制作玻璃材质

本实例主要讲解如何使用标准曲面材质来制作玻璃材质，最终渲染效果如图 3–42 所示。

1. 示例场景为一个简单的室内环境模型，里面包含了一组玻璃瓶模型，并且已经设置好了灯光及摄影机，如图 3–43 所示。

图 3–42　渲染效果图

图 3–43　玻璃瓶场景

2. 选择场景中的玻璃瓶模型，在“渲染”工具架上单击“标准曲面材质”图标，如图 3–44 所示，即可为选择的对象指定该软件的新增材质——标准曲面材质。

图 3–44　指定材质

3. 在“属性编辑器”面板中，展开“镜面反射”卷展栏，设置“权重”值为 1，“粗糙度”值为 0.1，增加材质的镜面反射效果，如图 3–45 所示。

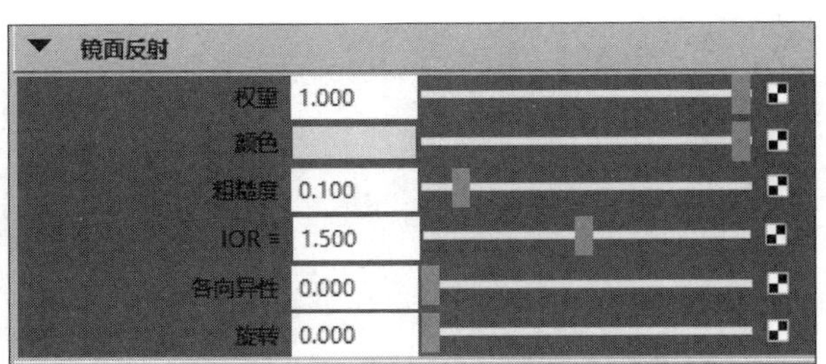

图 3–45　镜面反射参数设置面板

4. 展开“透射”卷展栏，调整“权重”值为 1，增加材质的透明度，如图 3–46 所示。

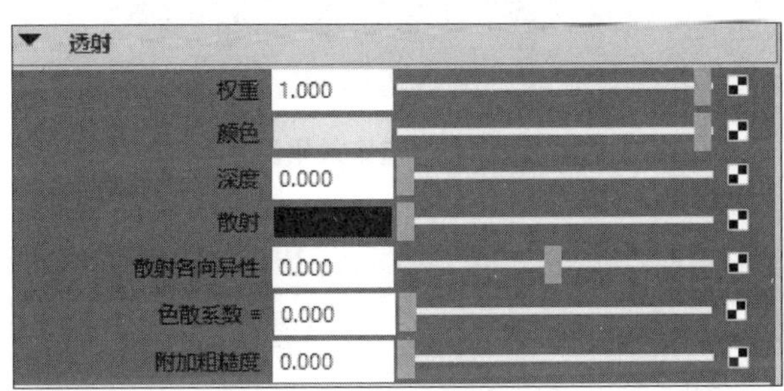

图 3–46　权重参数调节

5. 调整完成后，渲染场景。

【例 3–2】制作黄铜材质

本实例主要讲解如何使用标准曲面材质来调制金属黄铜的材质效果，最终渲染效果如图 3–47 所示。

1. 打开一个场景，本场景为一个简单的室内环境模型，里面主要包含了一组海螺模型，并且已经设置好了灯光及摄影机，如图 3–48 所示。

2. 选择场景中的海螺模型，在“渲染”工具架上单击“标准曲面材质”图标，即可为选择的对象指定该软件材质——标准曲面材质。

3. 在“属性编辑器”面板中，展开“基础”卷展栏，调整材质的颜色为黄色。

4. 调整“金属度”的值为 1，即可将当前材质转化为金属材质。

5. 展开“镜面反射”卷展栏，设置“权重”值为 1，提高材质的高光亮度，设置“粗糙度”为 0.35，使得黄铜材质的反射模糊一些。

图 3–47　渲染效果图

图 3–48　海螺模型

6. 设置完成后，渲染场景。

【例 3–3】制作水壶材质

本实例通过水壶材质讲解如何在该软件中为一个模型的不同部分分别设置材质，最终渲染效果如图 3–49 所示。

图 3-49　渲染效果图

1. 提前准备一个水壶场景，该场景中已经设置好了模型、灯光及摄影机，如图 3-50 所示。

图 3-50　水壶场景

2. 本实例中的水壶材质主要分为两个部分，一是水壶的壶身为不锈钢材质，二是壶把手和壶盖上的提手为木纹材质。首先，制作不锈钢材质，选择场景中的水壶模型，为其指定标准曲面材质。

3. 展开“基础”卷展栏，将“金属度”设置为1；在“镜面反射”卷展栏中，设置“权重”值为1，“粗糙度”值为0.1，完成不锈钢材质的制作。

4. 接下来，选择水壶模型上壶把手和壶盖提手的面，再次为其指定一个标准曲面材质。

5. 在“属性编辑器”面板中，展开“基础”卷展栏，单击“颜色”属性后面的按钮，在弹出的“创建渲染节点”对话框中选择“文件”渲染节点。

6. 在“文件属性”卷展栏中，单击“图像名称”后面的文件夹按钮，添加外部木纹图片素材，为材质的“颜色”属性设置好贴图。

7. 展开“镜面反射”卷展栏，设置“权重”值为1，“粗糙度”值为0.4，制作出木纹材质的镜面反射特性。

8. 设置完成后，渲染场景。

【**例 3–4**】制作陶瓷材质

本实例主要讲解如何使用标准曲面材质来调制白色陶瓷材质效果，最终渲染效果如图 3–51 所示。

1. 提前准备一个陶瓷材质场景，如图 3–52 所示。

2. 选择场景中的茶壶和杯子模型，为其指定标准曲面材质。

图 3–51　陶瓷渲染效果图

图 3–52　陶瓷材质场景

3. 展开“镜面反射”卷展栏，设置“权重”值为 1，设置“粗糙度”为 0.05，增大材质的镜面反射效果，提亮陶瓷材质的高光。

4. 设置完成后，渲染场景。

【例 3–5】制作水果材质

本实例主要讲解如何使用标准曲面材质来调制水果材质效果，最终渲染效果如图 3–53 所示。

图 3–53　渲染效果图

1. 提前准备一个水果场景，如图 3–54 所示。

2. 选择西瓜模型，为其指定“标准曲面材质”。

图 3–54　水果场景

3. 在“属性编辑器”面板中，展开“基础”卷展栏，在“颜色”属性上添加一张西瓜图片；展开“镜面反射”卷展栏，设置“权重”值为 1，“粗糙度”值为 0.2，制作出西瓜材质的光泽属性。

4. 展开“几何体”卷展栏，在“凹凸贴图”属性上添加一个“文件”渲染节点。

5. 展开“文件属性”卷展栏，在“图像名称”属性上添加一张类似西瓜表面凹凸感的贴图文件。

6. 设置完成后，渲染场景。

【**例 3–6**】制作玉石材质

本实例主要讲解如何使用标准曲面材质来调制玉石材质效果，最终渲染效果如图 3–55 所示。

1. 提前准备一个玉石材质场景，如图 3–56 所示。

2. 选择场景中的小鹿模型，为其指定“标准曲面材质”。

3. 展开“基础”卷展栏，设置玉石材质的“颜色”为绿色。

4. 展开“镜面反射”卷展栏，设置“权重”值为 1，“粗糙度”值为 0.1，提高玉石材质的反射程度。

图 3–55　最终渲染效果图

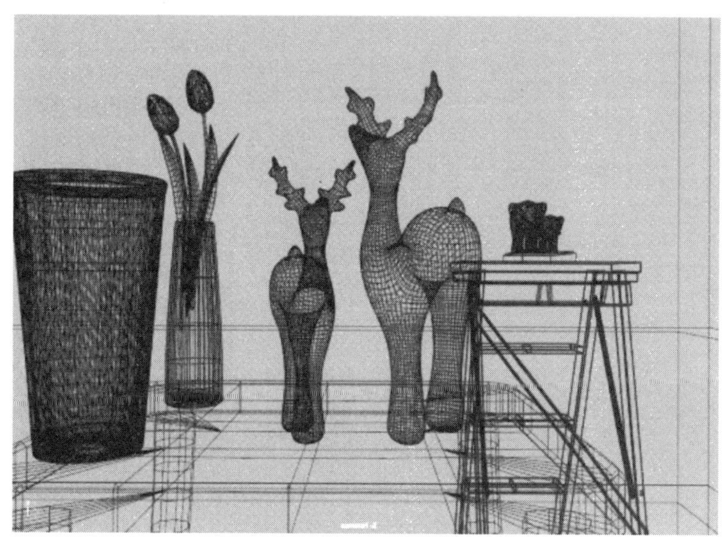

图 3–56　玉石材质场景

5. 展开“次表面”卷展栏，设置“权重”值为 1，“颜色”为绿色。

6. 设置完成后，渲染场景。

思考题

1. 简述三维模型与材质的关系。

2. 创建一个材质，将颜色修改为红色，并将其赋予基础的球形几何体。

3. 材质中的透明度属性用来调节材质的哪方面特征？

4. 制作一个玻璃花瓶的模型及材质。

5. 制作镜面金属材质和磨砂金属材质，并比较两者的不同之处。

6. 设计一个书桌场景，需包含木质、金属、玻璃等材质。

第四章
处理图像

二维图片处理技术在虚拟现实项目中应用十分广泛，用户界面、纹理贴图、宣传图像等工作需要对二维图片进行特定技术加工。Adobe PhotoShop 是一款较为通用的图像处理软件。软件包含众多编修与绘图工具，是虚拟现实内容设计乃至设计行业必备技能之一。

本章以图像属性介绍、软件工具应用、实际案例等内容为主体，能够帮助读者快速掌握图形图像设计理念和工具应用。

- **职业功能：**掌握图像处理软件使用技能。
- **工作内容：**通过对图像处理基础概念及软件工具的理解，能够掌握虚拟现实图像处理的核心技能。
- **专业能力要求：**能使用图像处理软件导入并修改图片基本参数，能使用图像处理软件拼接、裁切图片，能使用图像处理软件调整图片格式和颜色模式。
- **相关知识要求：**计算机图像参数相关知识；图像拼合裁剪相关知识；图片格式相关知识；计算机颜色模式相关知识。

第一节　图片的导入与参数修改

考核知识点及能力要求：

- 了解图像处理软件基本知识。
- 了解图像处理基础操作。

一、图像处理软件工作界面

图像处理的广义概念是使用计算机对图像进行分析及处理，以达到所需结果的技术。图像处理一般指数字图像处理，即处理使用工业相机、摄像机、扫描仪等设备拍摄得到的数据。该数据的最小元素称为像素，图像处理的工作即为像素的灰度值运算过程。

本章节使用 Adobe Photoshop（以下简称 PS）这款软件进行图像处理部分的讲解。PS 可以调整图像效果，为图形和 Web 设计、摄影、视频和虚拟现实等行业提供了高效的工具。

熟悉软件工作界面是学习 PS 的基础。熟练掌握工作界面的内容，有助于初学者日后得心应手地驾驭软件。在本章节中将使用 Photoshop 2021 作为具体演示版本。该软件的工作界面主要由菜单栏、工具箱、属性栏、状态栏和控制面板组成，如图 4-1 所示。

菜单栏：菜单栏中共包含 11 个菜单命令。利用菜单命令可以完成图像的编辑、色彩调整、添加滤镜效果等操作。

图 4–1　软件工作界面

工具栏：工具栏中包含了多种工具。利用不同的工具可以完成图像的绘制、观察、测量等操作。

属性栏：属性栏是工具箱中各个工具的功能扩展。通过在属性栏中设置不同的选项，可以快速完成多样化的操作。

控制面板：控制面板是 PS 软件的重要组成部分。通过不同的功能面板，可以完成在图像中填充颜色、设置图层、添加样式等操作。

状态栏：状态栏可以提供当前文件的显示比例、文档大小、当前工具、暂存盘大小等提示信息。

（一）菜单栏

菜单分类：PS 软件的菜单栏依次分为“文件”菜单、“编辑”菜单、“图像”菜单、“图层”菜单、“文字”菜单、“选择”菜单、“滤镜”菜单、“3D”菜单、“视图”菜单、“窗口”菜单及“帮助”菜单，如图 4–2 所示。

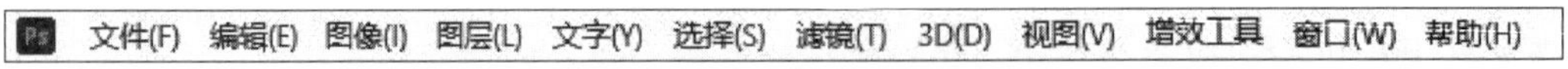

Ps　文件(F)　编辑(E)　图像(I)　图层(L)　文字(Y)　选择(S)　滤镜(T)　3D(D)　视图(V)　增效工具　窗口(W)　帮助(H)

图 4–2　菜单栏

- “文件”菜单包含了各种文件操作命令。
- “编辑”菜单包含了各种编辑文件的操作命令。

- “图像”菜单包含了各种改变图像的大小、颜色等的操作命令。
- “图层”菜单包含了各种调整图像中图层的操作命令。
- “文字”菜单包含了各种对文字的编辑和调整功能。
- “选择”菜单包含了各种关于选区的操作命令。
- “滤镜”菜单包含了各种添加滤镜效果的操作命令。
- “3D”菜单包含了创建 3D 模型、编辑 3D 属性、调整纹理及编辑光线等命令。
- “视图”菜单包含了各种对视图进行设置的操作命令。
- “窗口”菜单包含了各种显示或隐藏控制面板的命令。
- “帮助”菜单包含了各种帮助信息。

菜单命令的不同状态：有些菜单命令中包含了更多相关的菜单命令。包含子菜单的菜单命令，其右侧会显示黑色的三角形 ▶ 。单击带有三角形的菜单命令，就会显示出其子菜单。当菜单命令不符合运行的条件时，就会显示为灰色，即不可执行状态。当菜单命令后面显示有“...”时，表示单击此菜单，可以弹出相应的对话框，用户可以在对话框中进行相应的设置，如图 4–3 所示。

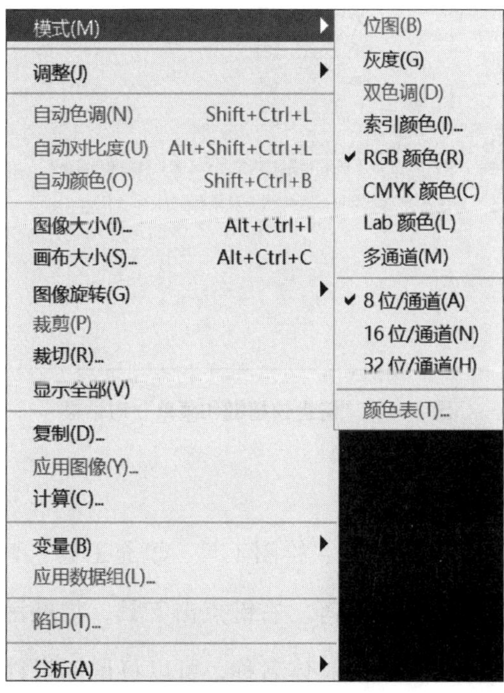

图 4–3　菜单命令的状态

键盘快捷键和菜单命令：选择窗口 / 工作区 / 键盘快捷键和菜单命令，弹出“键盘快捷键和菜单”对话框，如图 4–4 所示。可以根据操作需要隐藏或显示指定的菜单命令，也可以为不同的菜单命令设置不同的颜色，还可以自定义和保存键盘快捷键，如图 4–5 所示。

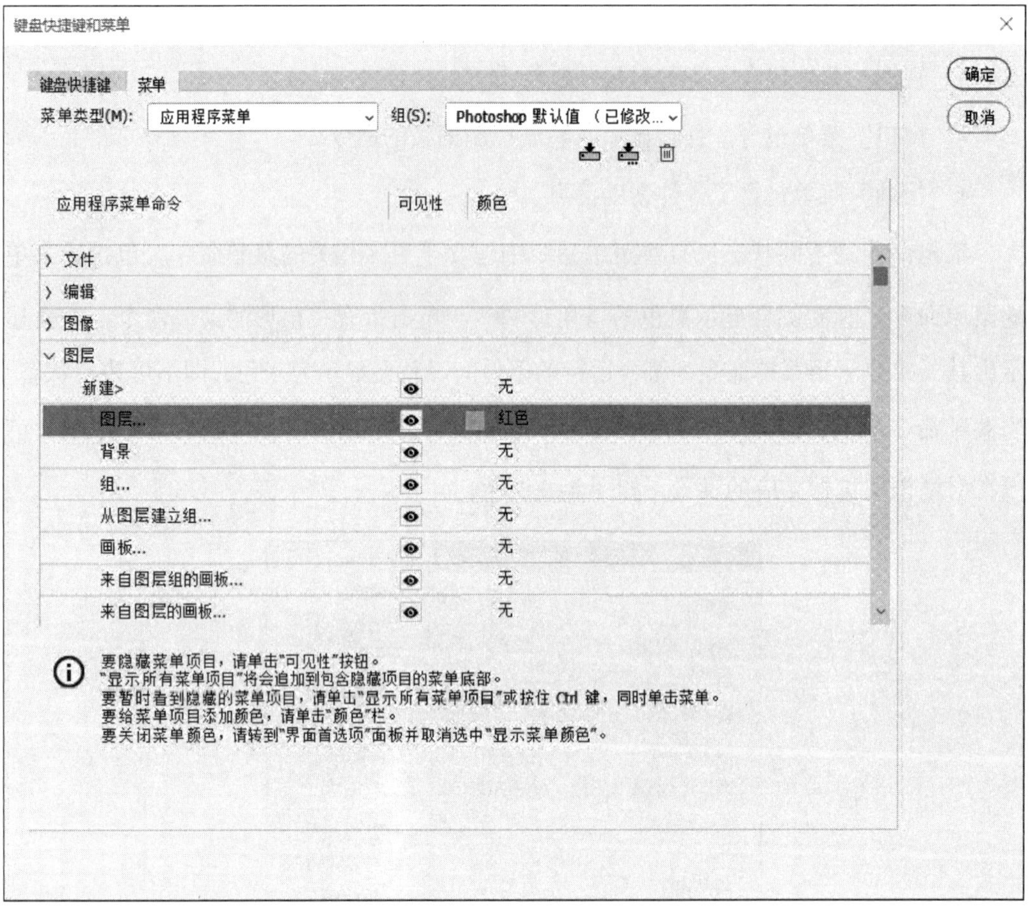

图 4–4　“键盘快捷键和菜单”对话框

（二）工具栏

PS 软件的工具栏包括选择工具、绘图工具、填充工具、编辑工具、颜色选择工具、屏幕视图工具、快速蒙版工具等。右键点击工具，将展示对应工具子菜单，如图 4–6 所示。若需了解每个工具的具体名称，可以将鼠标指针放置在具体工具的上

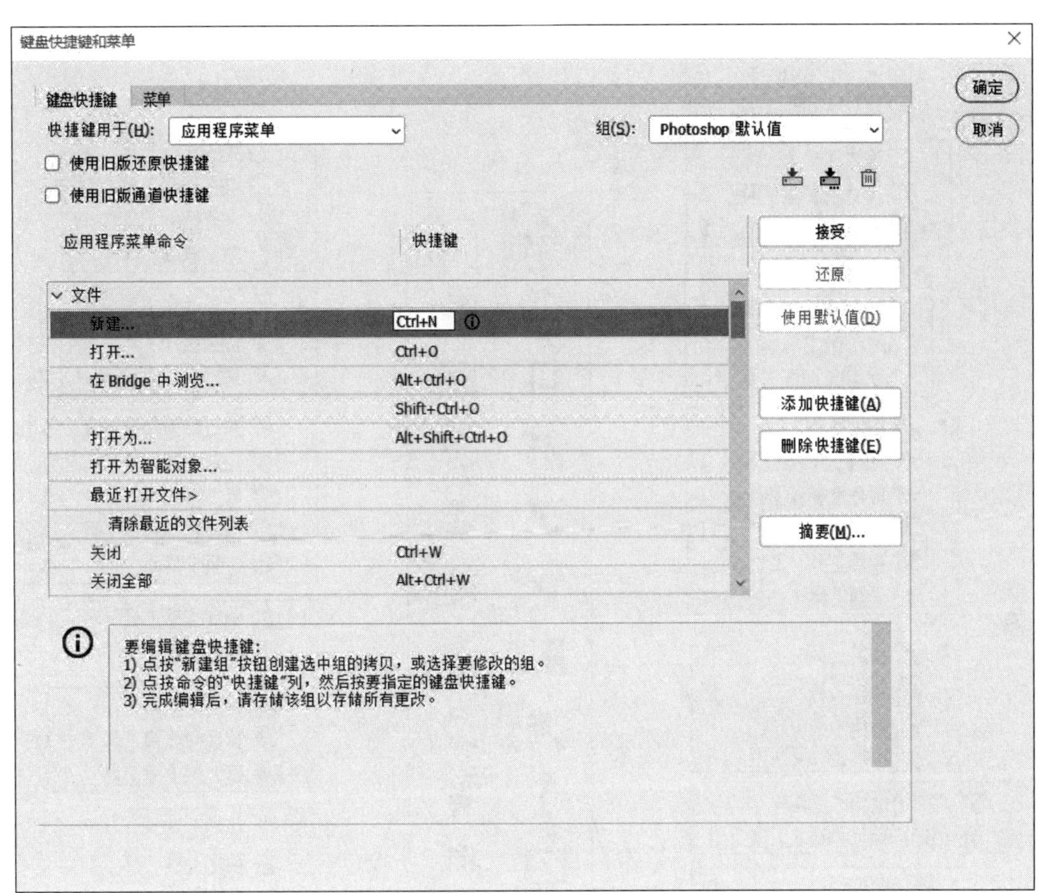

图 4–5　设置快捷键

方，此时会出现一个演示图框，上面会显示该工具的具体名称和基本操作演示。工具名称后面括号中的字母代表选择此工具的快捷键，只要在键盘上按该字母键，就可以快速切换到相应的工具上。

切换工具箱的显示状态：PS 软件的工具箱可以根据需要在单栏与双栏之间自由切换。单击工具栏上方的双箭头图标，即可实现单栏 / 双栏的切换，以节省工作空间。

显示隐藏工具栏：在工具栏中，部分工具图标的右下方有一个三角形图标，表示在该工具下还有隐藏的工具。鼠标左键长按工具或鼠标右键单击工具，可弹出隐藏工具选项。将鼠标指针移动到需要的工具图标上，即可选择该工具。

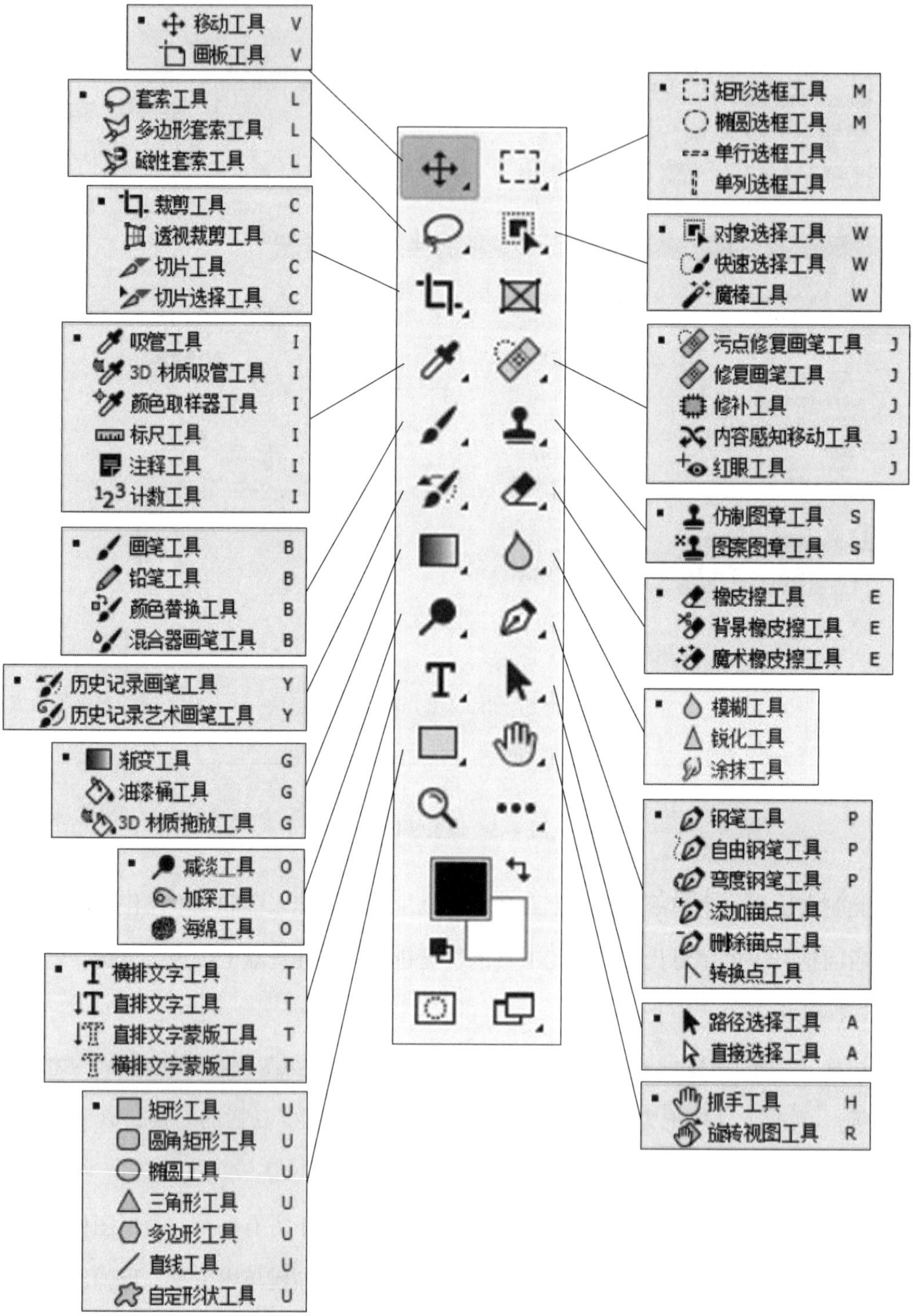

▪ 移动工具 V
画板工具 V

▪ 套索工具 L
多边形套索工具 L
磁性套索工具 L

▪ 裁剪工具 C
透视裁剪工具 C
切片工具 C
切片选择工具 C

▪ 吸管工具 I
3D 材质吸管工具 I
颜色取样器工具 I
标尺工具 I
注释工具 I
计数工具 I

▪ 画笔工具 B
铅笔工具 B
颜色替换工具 B
混合器画笔工具 B

▪ 历史记录画笔工具 Y
历史记录艺术画笔工具 Y

▪ 渐变工具 G
油漆桶工具 G
3D 材质拖放工具 G

▪ 减淡工具 O
加深工具 O
海绵工具 O

▪ 横排文字工具 T
直排文字工具 T
直排文字蒙版工具 T
横排文字蒙版工具 T

▪ 矩形工具 U
圆角矩形工具 U
椭圆工具 U
三角形工具 U
多边形工具 U
直线工具 U
自定形状工具 U

▪ 矩形选框工具 M
椭圆选框工具 M
单行选框工具
单列选框工具

▪ 对象选择工具 W
快速选择工具 W
魔棒工具 W

▪ 污点修复画笔工具 J
修复画笔工具 J
修补工具 J
内容感知移动工具 J
红眼工具 J

▪ 仿制图章工具 S
图案图章工具 S

▪ 橡皮擦工具 E
背景橡皮擦工具 E
魔术橡皮擦工具 E

▪ 模糊工具
锐化工具
涂抹工具

▪ 钢笔工具 P
自由钢笔工具 P
弯度钢笔工具 P
添加锚点工具
删除锚点工具
转换点工具

▪ 路径选择工具 A
直接选择工具 A

▪ 抓手工具 H
旋转视图工具 R

图 4–6　工具栏

恢复工具箱的默认设置：要想恢复工具默认的设置，可以选择该工具，在相应的工具属性栏中，用鼠标右键单击工具图标，在弹出的菜单中选择“复位工具”命令，如图 4–7 所示。

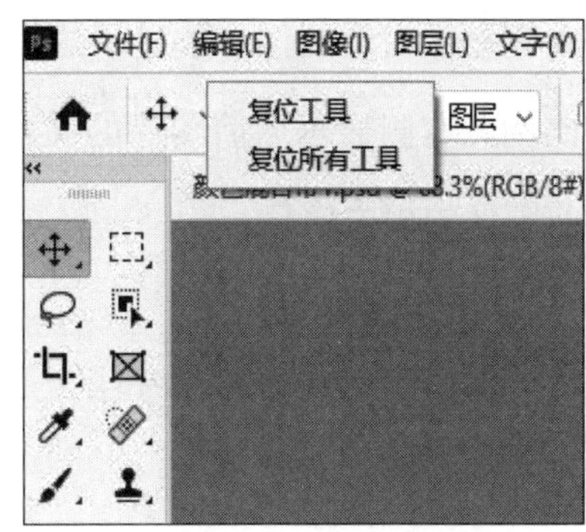

图 4–7　复位工具

光标的显示状态：当选择工具箱中的工具后，图像中的光标就变为工具图标。例如，选择“裁剪”工具 ，图像窗口中的光标也随之显示为裁剪工具的图标。

选择“画笔”工具 ，光标显示为画笔工具的对应图标。按 Caps Lock 键光标转换为定位更精确的十字形图标。

（三）属性栏

当选择某个工具后，会出现相应的工具属性栏，可以通过属性栏对工具进行进一步的设置。例如，当选择“魔棒”工具 时，工作界面的上方会出现相应的魔棒工具属性栏，可以应用属性栏中的各个命令对工具做进一步的设置，如图 4–8 所示。

图 4–8　魔棒工具属性栏

（四）状态栏

打开一幅图像时，图像的下方会出现该图像的状态栏，如图 4–9 所示。状态栏的

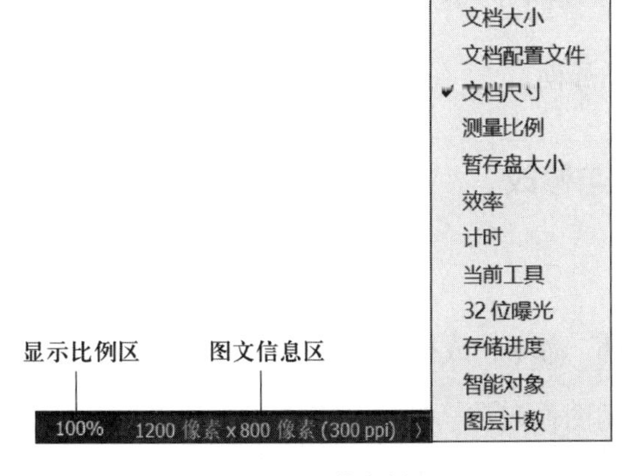

图 4–9　状态栏

左侧显示当前图像缩放显示的百分比数，在文本框中输入数值可改变图像窗口的显示比例。右侧显示当前图像的文件信息，单击“>”图标，在弹出的菜单中可以选择当前图像的相关信息。

（五）控制面板

控制面板是处理图像时另一个不可或缺的部分。Photoshop 软件界面为用户提供了多个控制面板组。

收缩与扩展控制面板：控制面板可以根据需要进行伸缩。单击控制面板上方的双箭头图标，可以将控制面板收缩。如果要展开某个控制面板，可以直接单击其选项卡，相应的控制面板会自动弹出。

拆分控制面板：若需单独拆分出某个控制面板，可用鼠标选中该控制面板的选项卡并向工作区拖曳，选中的控制面板将被单独地拆分出来。

组合控制面板：可以根据需要将两个或多个控制面板组合到一个面板组中，这样可以节省操作空间。要组合控制面板，可以选中外部控制面板的选项卡，用鼠标将其拖曳到要组合的面板组中，面板组周围出现蓝色的边框。释放鼠标，控制面板将组合到面板组中。

控制面板弹出式菜单：单击控制面板右上方的图标，可以弹出控制面板的相关命令菜单，应用这些命令可以提高控制面板的功能性，如图 4–10 所示。

隐藏与显示控制面板：按 Tab 键，可以隐藏工具箱和控制面板；再次按 Tab 键，可以显示出隐藏的部分。按 Shift+Tab 组合键，可以隐藏控制面板；再次按 Shift+Tab 组合键，可以显示出隐藏的部分。使用“窗口 / 工作区 / 复位基本功能”可以复位被打乱的控制面板和用户界面。

二、图片的导入与修改

（一）新建文件

选择“文件 / 新建”命令，或按 Ctrl+N 组合键，弹出“新建文档”对话框。在对话框中可以设置新建的图像名称、宽度和高度、分辨率、颜色模式等选项。设置完成后单击“创建”按钮，即可完成新建图像。

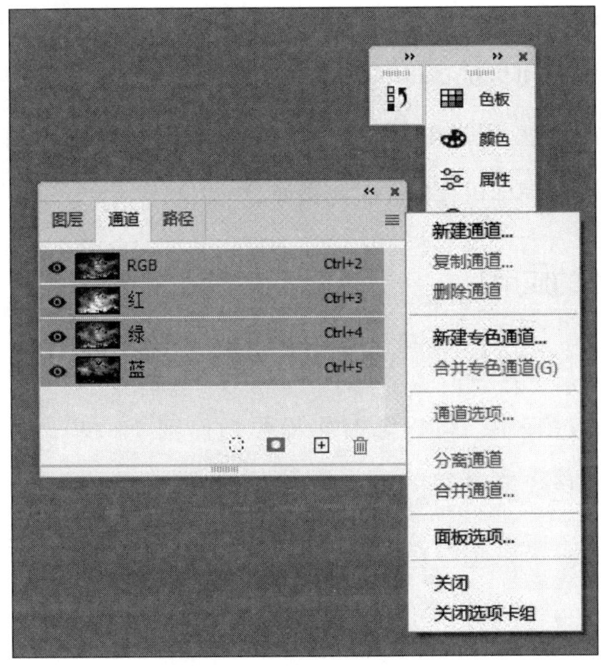

图 4–10　控制面板相关菜单

（二）打开图像

若需对照片或图片进行修改和处理，就要在 Photoshop 软件中打开需要的图像。选择“文件 / 打开”命令，或按 Ctrl+O 组合键，弹出“打开”对话框，在对话框中搜索路径和文件，确认文件类型和名称，通过 Photoshop 软件提供的预览图标选择文件。然后单击“打开”按钮，或直接双击文件，即可打开所指定的图像文件。

三、保存和关闭

（一）保存文件

图像处理完成后，需要将图像进行保存，以便于下次打开继续操作。选择“文件 / 存储”命令，或按 Ctrl+S 组合键，可以存储文件。当设计好的作品进行第一次存储时，选择“文件 / 存储”命令，将弹出“另存为”对话框。在对话框中输入文件名、选择文件格式后，单击“保存”按钮，即可将图像保存。当对已存储过的图像文件进行各种编辑操作后，选择“存储”命令，将不弹出“另存为”对话框，计算机会直接保存最终确认的结果，并覆盖原始文件。

（二）关闭图像

图像存储完毕后，可以选择将其关闭。选择“文件 / 关闭”命令，或按 Ctrl+W 组合键，即可关闭文件。关闭图像时，若当前文件被修改过或是新建的文件，则会弹出提示框，单击“是”按钮即可存储并关闭图像。

四、恢复操作的应用

（一）恢复到上一步的操作

在编辑图像的过程中，可以随时将操作返回到上一步，也可以还原图像到恢复前的效果。选择“编辑 / 还原”命令，或按 Ctrl+Z 组合键，可以恢复到图像的上一步操作。在还原命令后，可选择“编辑 / 重做”命令，以恢复到还原前的状态。

（二）中断操作

当软件正在进行图像处理时，按 Ese 键即可中断正在进行的操作。

（三）恢复到操作过程的任意步骤

“历史记录”控制面板可以将进行过多次处理操作的图像恢复到任一步操作时的状态，即所谓的“多次恢复功能”。选择“窗口 / 历史记录”命令，弹出“历史记录”控制面板，如图 4-11 所示。点击面板中的任一步骤，可将图像恢复至对应操作状态。

图 4-11 “历史记录”控制面板

第二节　图片拼接与裁切

考核知识点及能力要求：

- 了解图像处理软件操作方式。
- 了解图像拼合裁剪相关知识。

一、选择工具组

（一）移动工具

移动工具可以将图层中的整幅图像或选定区域中的图像移动到指定位置。选择“移动”工具 ，或按 V 键，其属性栏状态如图 4–12 所示。

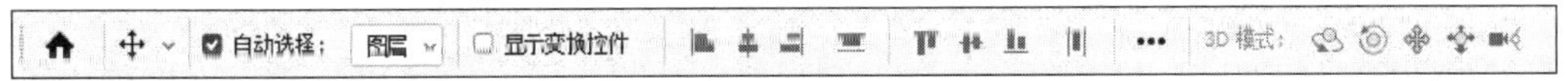

图 4–12　移动工具

（二）矩形选框工具

选择“矩形选框”工具 或反复按 Shift+M 组合键，其属性栏状态如图 4–13 所示。

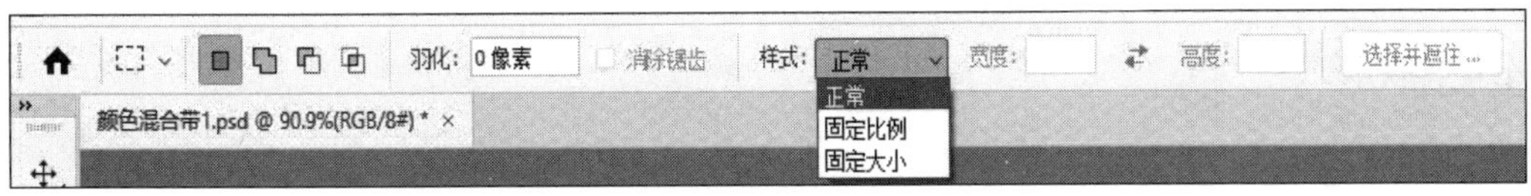

图 4–13　矩形选框工具

新选区 ：去除旧选区，绘制新选区。

添加到选区 ：在原有选区的上面增加新的选区。

从区减去 ：在原有选区上减去新选区的部分。

与选区交叉 ：选择新旧选区重叠的部分。

羽化：用于设定选区边界的羽化程度。

消除锯齿：用于清除选区边缘的锯齿。

样式：用于选择类型。

选择“矩形选框”工具 ，在图像中适当的位置单击并按住鼠标左键不放，向右下方拖曳鼠标绘制区；松开鼠标左键，矩形选区绘制完成，按住 Shift 键，在图像中可以绘制出正方形选区。

在属性栏中的“样式”选项下拉列表中选择“固定比例”，将“宽度”项设为 1，“高度”项为 3。在图像中绘制固定比例的选区，单击“高度和宽度互换”按钮 ，可以快速将宽度和高度的数值互相置换。

在属性栏中的“样式”选项下拉列表中选择“固定大小”，在“宽度”和“高度”项中输入数值。绘制固定大小的选区，单击“高度和宽度互换”按钮，可以快速地将宽度和高度的数值互相置换。

（三）椭圆选框工具

选择“椭圆选框”工具 ，在图像中适当的位置单击并按住鼠标左键，拖曳鼠标绘制出需要的选区。松开鼠标左键，椭圆选区绘制完成。按住 Shift 键，在图像中可以绘制出圆形选区。

椭圆选框工具和矩形选框工具的属性栏相同，这里就不再赘述。

（四）套索工具

选择“套索”工具 ，或反复按 Shift+L 组合键，在图像中适当的位置单击并按住鼠标左键不放，拖曳鼠标在图像上进行绘制。松开鼠标左键，选择区域自动封闭生成选区。

（五）多边形套索工具

选择“多边形套索”工具 ，在图像中单击设置所选区域的起点，接着单击设

置选择区域的其他点。将鼠标指针移回到起点，多边形套索工具显示为 图标，单击即可封闭选区。

（六）磁性套索工具

选择“磁性套索”工具 ，其属性栏状态如图 4–14 所示。

图 4–14　磁性套索工具

宽度：用于设定套索检测范围，磁性套索工具将在这个范围内选取反差最大的边缘。

对比度：用于设定选取边缘的灵敏度，数值越大，则要求边缘与背景的反差越大。

频率：用于设定选区点的速率，数值越大，标记速率越快，标记点越多。

：用于设定专用绘图板的笔刷压力。

二、裁剪工具

（一）裁剪工具

裁剪工具可以裁剪图像，重新定义画布的大小。选择“裁剪”工具 ，其属性栏状态如图 4–15 所示。

图 4–15　裁剪工具

比例 ：选择预设的裁剪比例。

1 ⇄ 1 ：可以自定义裁剪框的长宽比。

：可以快速拉直倾斜的图像。

：可以选择裁剪方式。

：设置裁剪选项。

删除裁剪的像素：可以控制裁掉的图像是否彻底删除。

打开一幅图像，选择“裁剪”工具 ，在图像窗口中绘制裁剪框，按 Enter 键确定操作。

（二）裁剪命令

打开一幅图像，选择“矩形选框”工具，绘制出要裁切的图像区域。选择“图像 / 裁剪”命令，图像按选区进行裁剪。

三、抠图工具

（一）快速选择工具

利用快速选择工具可以使用调整的圆形画笔笔尖快速绘制选区。选择“快速选择”工具 ，其属性栏状态如图 4–16 所示。

：选区选择方式选项。单击“画笔”选项，弹出画笔面板，如图 4–17 所示，可以设置画笔的大小、硬度、间距、角度和圆度。

自动增强：可以调整所绘制选区边缘的粗糙度。

图 4–16　快速选择工具

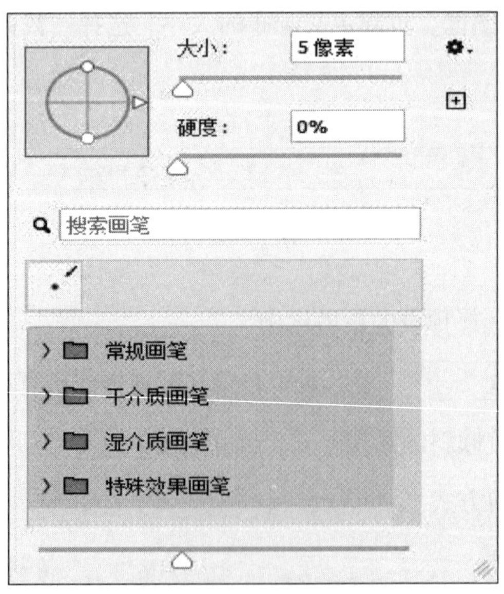

图 4–17　画笔

（二）魔棒工具

魔棒工具可以用来选取图像中的某一点，并将与这一点颜色相同或相近的点自动融入选区中。

选择“魔棒”工具，或按 W 键，其属性栏状态如图 4–18 所示。

图 4–18　魔棒工具

取样大小：用于设置取样范围的大小。

容差：用于控制色彩的范围，数值越大，可容许的颜色范围越大。

消除锯齿：用于清除选区边缘的锯齿。

连续：用于选择单独的色彩范围。

对所有图层取样：用于将所有可见层中颜色容许范围内的色彩加入选区。

选择“魔棒”工具，在图像中单击需要选择的颜色区域，生成选区。调整属性栏中的容差值，再次单击需要选择的区域，生成不同的选区。

（三）钢笔工具

选择“钢笔”工具，或反复按 Shift+P 组合键，其属性栏状态如图 4–19 所示。

图 4–19　“钢笔”工具

按住 Shift 键创建锚点时，将强迫系统以 45° 或 45° 的倍数绘制路径。按住 Alt 键，当“钢笔”工具移到锚点上时，暂时将“钢笔”工具转换为“转换点”工具。按住 Ctrl 键时，暂时将“钢笔”工具转换成“直接选择”工具。

选择“钢笔”工具，在图像中任意位置单击鼠标左键，创建一个锚点。将鼠标指针移动到其他位置再次单击，创建第 2 个锚点。两个锚点之间自动以直线进行连接，如图 4–20 所示。再将鼠标指针移动到其他位置单击，创建第 3 个锚点。而系统将在第 2 个和第 3 个锚点之间生成一条新的直线路径，如图 4–21 所示。将鼠标指针移至第

2 个锚点上，鼠标指针暂时转换成“删除锚点”工具 ，如图 4-22 所示，在锚点上单击，即可将第 2 个锚点删除，如图 4-23 所示。

图 4-20　创建锚点 1 和 2

图 4-21　创建锚点 3

图 4-22　删除锚点图标

图 4-23　删除锚点

选择“钢笔”工具，单击建立新的锚点，并按住鼠标左键不放拖曳鼠标，建立曲线段和曲线锚点。释放鼠标左键，按住 Alt 键的同时，用“钢笔”工具，单击刚建立的曲线锚点，将其转换为直线锚点。在其他位置再次单击建立下一个新的锚点，可在曲线段后绘制出直线段。

第三节　图片格式与颜色模式

考核知识点及能力要求：

- 了解位图与矢量图的特征。
- 了解各项图像参数与属性。

一、位图和矢量图

（一）位图

位图图像也叫点阵图像，它是由许多单独的小方块组成的。这些小方块又称为像素点。每个像素点都被设定了特定的位置和颜色值。不同排列和着色的像素点组合在一起构成了一幅色彩丰富的图像。像素点越多，图像的分辨率越高；相应地，图像的文件大小也会随之增大。

一幅位图图像使用放大工具放大后，可以清晰地看到像素的小方块形状与不同的颜色。位图与分辨率有关，如果在屏幕上以较大的倍数放大显示图像，或以低于创建时的分辨率打印图像，图像就会出现锯齿状的边缘，并且会丢失细节。

（二）矢量图

矢量图也叫向量图，它是用一种基于图形的几何特性来描述的图像。矢量图中的各种图形元素被称为对象。每一个对象都是独立的个体，都具有大小、颜色、形状、轮廓等属性。

矢量图与分辨率无关，可以将它设置为任意大小，其清晰度不会改变，也不会出现锯齿状的边缘。在任何分辨率下显示或打印，都不会损失细节。使用放大工具放大后，其清晰度不变。矢量图所占的容量较少，但其缺点是不易制作色调丰富的图像，而且绘制出来的图形无法像位图那样精确地描绘各种绚丽的景象。

二、分辨率

（一）图像分辨率

在 Photoshop 软件中，图像中每单位长度上的像素数目，称为图像的分辨率，其单位为像素 /in 或像素 /cm。

在相同尺寸的两幅图像中，高分辨率的图像包含的像素比低分辨率的图像包含的像素多。例如，一幅尺寸为 1 in × 1 in 的图像，其分辨率为 72 像素 /in，这幅图像包含 5 184 个像素（72 × 72=5 184）。同样尺寸，分辨率为 300 像素 /in 的图像，图像包含 90 000 个像素。相同尺寸下，分辨率为 72 像素 /in 的图像效果如图 4–24 所示，分辨率为 10 像素 /in 的图像效果如图 4–25 所示。由此可见，在相同尺寸下，高分辨率的图像能更清晰地表现图像内容。

图 4–24　分辨率为 72 像素 /in

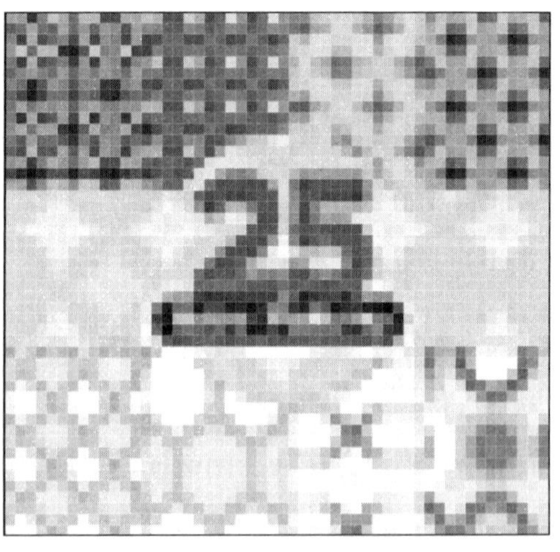

图 4–25　分辨率为 10 像素 /in

（二）屏幕分辨率

屏幕分辨率是显示器上每单位长度显示的像素数目。屏幕分辨率取决于显示器大小及其像素设置。电脑显示器的分辨率一般约为 96 像素 /in，Mac 显示器的分辨率一

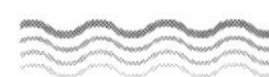

般约为 72 像素 /in。在 Photoshop 软件中，图像像素被直接转换成显示器屏幕像素，当图像分辨率高于屏幕分辨率时，屏幕中显示的图像比实际尺寸大。

三、颜色模式

（一）CMYK 模式

CMYK 代表了印刷中常用的四种油墨颜色：C 代表青色，M 代表洋红色，Y 代表黄色，K 代表黑色。CMYK 颜色控制面板如图 4–26 所示。

CMYK 模式在印刷时应用了色彩学中的减法混合原理，即减色色彩模式。它是图片插图和其他 Photoshop 作品中最常用的一种印刷方式。因为在印刷中通常都要进行四色分色，出四色胶片，然后进行印刷。

（二）RGB 模式

与 CMYK 模式不同的是，RGB 模式是一种加色模式。它通过红、绿、蓝三种色光相叠加而形成更多的颜色。RGB 是色光的彩色模式，一幅 24 bit 的 RGB 图像有 3 个色彩信息的通道：红色（R）、绿色（G）和蓝色（B）。RGB 颜色控制面板如图 4–27 所示。

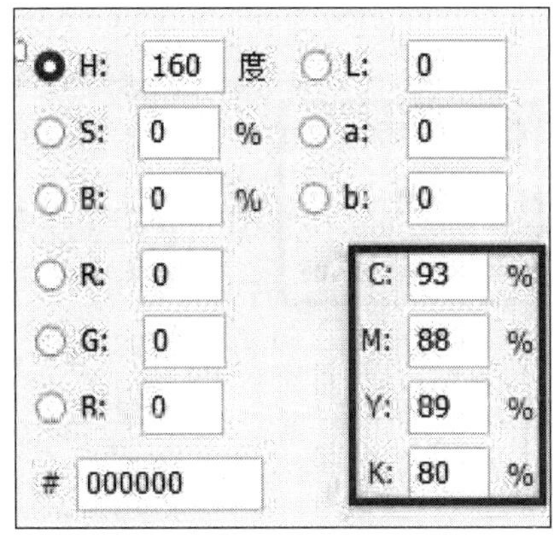

图 4–26　CMYK 模式

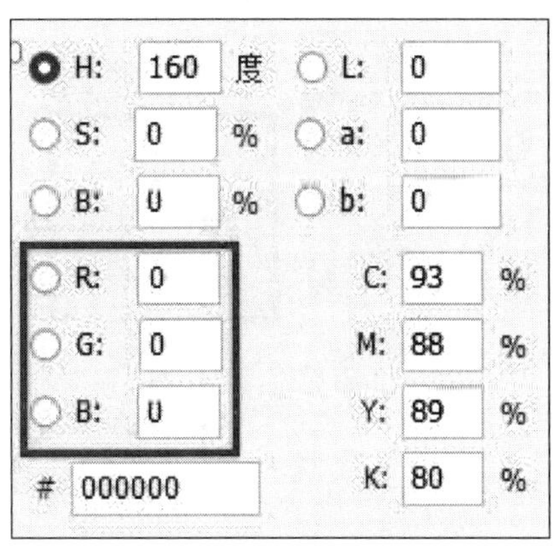

图 4–27　RGB 模式

每个通道都有 8 bit 的色彩信息，即一个 0 ~ 255 的亮度值色域。也就是说，每一种色彩都有 256 个亮度水平级。三种色彩相叠加，可以有 256×256×256 ≈ 1 678 万种可能的颜色，这 1 678 万种颜色足以表现出绚丽多彩的世界。

（三）Lab 模式

Lab 是 Photoshop 中的一种国际色彩标准模式，它由三个通道组成：一个通道是透明度，即 L；其他两个是色彩通道，即色相和饱和度，用 a 和 b 表示。a 通道包括的颜色值从深绿到灰，再到亮粉红色；b 通道是从亮蓝色到灰，再到焦黄色。这种色彩混合后将产生明亮的色彩。Lab 颜色控制面板如图 4–28 所示。

Lab 模式在理论上包括了人眼可见的所有色彩，它弥补了 CMYK 模式和 RGB 模式的不足。在这种模式下，图像的处理速度比在 CMYK 模式下快数倍，与 RGB 模式的速度相仿，而且在把 Lab 模式转成 CMYK 模式的过程中，所有的色彩不会丢失或被替换。事实上，当软件将 RGB 模式转换成 CMYK 模式时，Lab 模式一直扮演着中介者的角色。也就是说，RGB 模式先转成 Lab 模式，再转成 CMYK 模式。

（四）HSB 模式

HSB 模式只有在颜色吸取窗口中才会出现。H 代表色相，S 代表饱和度，B 代表亮度。色相的意思是纯色，即组成可见光谱的单色。红色为 0 度，绿色为 120 度，蓝色为 240 度。饱和度代表色彩的纯度，饱和度为零时即为灰色，黑、白、灰三种色彩没有饱和度。亮度是色彩的明亮程度，最大亮度是色彩最鲜明的状态，黑色的亮度为 0。HSB 颜色控制面板如图 4–29 所示。

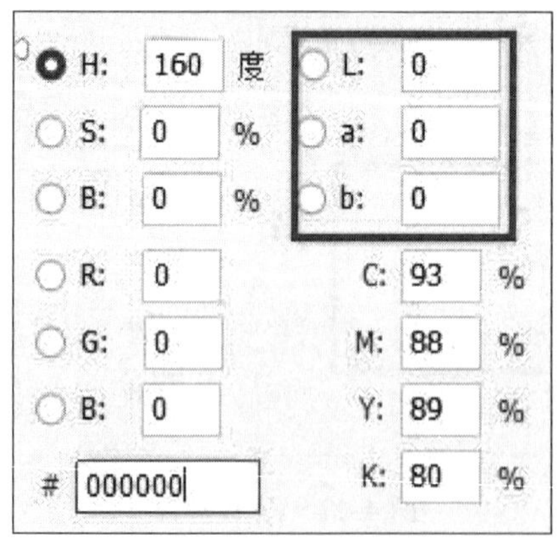

图 4–28　Lab 模式

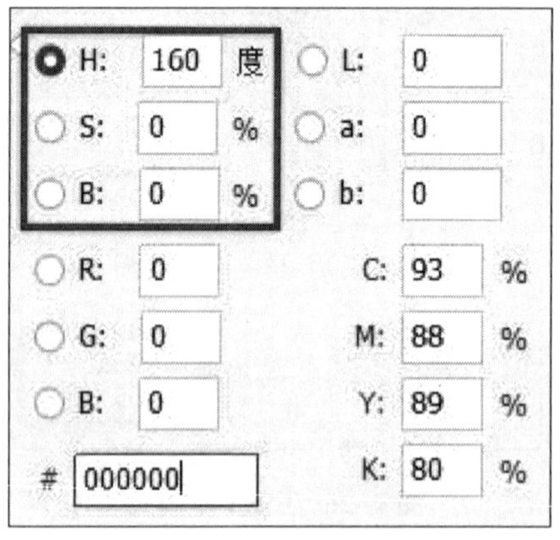

图 4–29　HSB 模式

（五）灰度模式

灰度模式的灰度图又叫 8 bit 深度图。每个像素用 8 个二进制位表示，能产生 2^8

（即 256）级灰色调。当一个彩色文件被转换为灰度模式文件时，所有的颜色信息都将丢失。尽管 Photoshop 软件允许将一个灰度文件转换为彩色模式文件，但不可能将原来的颜色完全还原。所以，当要转换成灰度模式时，应先做好图像的备份。

与黑白照片一样，一个灰度模式的图像只有明暗值，没有色相和饱和度这两种颜色信息。0% 代表白，100% 代表黑。灰度颜色控制面板如图 4–30 所示，其中的 K 值用于衡量黑色油墨用量。

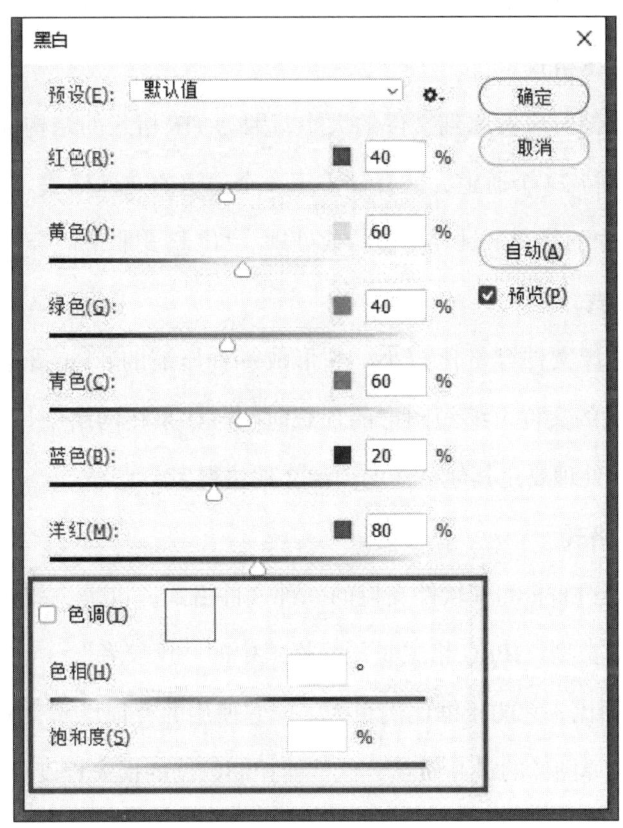

图 4–30　灰度模式

四、常用的文件格式

（一）PSD 格式和 PDD 格式

PSD 格式和 PDD 格式是 Photoshop 自身专用的文件格式，能够支持从线图到 CMYK 的所有图像类型，但由于在一些图形处理软件中没有得到很好的支持，所以其通用性不强。PSD 格式和 PDD 格式能够保存图像数据的细节部分，如图层、附加的蒙版通道等图像特殊处理的信息。在没有最终决定图像存储的格式前，最好先以这两种格式存储。另外，Photoshop 打开和存储这两种格式的文件比其他格式更快。但是这两种格式也有缺点，就是它们所存储的图像文件容量大，占用磁盘空间较多。

（二）TIF 格式

TIF 格式是标签图像格式。TIF 格式对于色彩通道图像来说是最有用的格式，具有很强的可移植性，它可以用于 PC、Macintosh 和 UNIX 工作站三大平台，是这三大平台上使用最广泛的绘图格式。

用 TIF 格式存储时应考虑到文件的大小，因为 TIF 格式的结构要比其他格式更复杂。但 TIF 格式支持 24 个通道，能存储多于 4 个通道的文件格式。TIF 格式还允许使用 Photoshop 软件中的复杂工具和滤镜特效处理。TIF 格式非常适合于印刷和输出。

（三）GIF 格式

GIF 格式的图像文件容量比较小，它形成一种压缩的 8 bit 图像文件。正因为这样，一般这种格式的文件可缩短图形的加载时间。如果在网络中传送图像文件，GIF 格式的图像文件的处理要比其他格式的图像文件快得多。

（四）JPEG 格式

JPEG 格式既是 Photoshop 软件支持的一种文件格式，也是一种压缩方案。它是一种常用的图片存储类型。JPEG 格式是压缩格式中的“佼佼者”，与 TIF 文件格式采用的 LIW 无损压缩相比，它的压缩比例更大。但它使用的有损压缩会丢失部分数据。用户可以在存储前选择图像的最高质量，这就能控制数据的损失程度了。

（五）ESP 格式

EPS 格式是 IllustratorCC 和 Photoshop 之间可交换的文件格式。Illustrator 软件制作出来的流动曲线、简单图形和专业图像一般都存储为 EPS 格式。Photoshop 可以处理这种格式的文件。在 Photoshop 软件中，也可以把其他图形文件存储为 EPS 格式，在排版类的 PageMaker 和绘图类的 Illustrator 等其他软件中使用。

（六）PNG 格式

PNG 格式是用于无损压缩和在 Web 上显示图像的文件格式，是 GIF 格式的无专利替代品。它支持 24 bit 图像且能产生无锯齿状边缘的背景透明度，还支持无 Alpha 通道的 RGB、索引颜色、灰度和位图模式的图像。某些 Web 浏览器不支持 PNG 图像。

（七）选择合适的图像文件存储格式

用户可以根据工作任务的需要选择适合的图像文件存储格式。下面就根据图像的不同用途介绍应该选择的图像文件存储格式。

用于印刷：TIF、EPS。

用于网络图像：GIF、JPEG、PNG。

用于 Photoshop 软件：PSD、PDD、TIF。

思考题

1. 创建一个 1 920 × 1 080 分辨率的图片，并存储为 PNG 格式。

2. 将上题中的图像左半部分填充红色，右半部分填充蓝色。

3. 裁剪上题图像，使其只保留红色部分。

4. 简述位图与矢量图的不同之处。

5. 列举三种常用的文件格式。

6. 通过网络获取地球图片素材，使用本章学习到的工具对素材中的地球部分进行抠图，并保存至其他图片文件。

第五章
创建与渲染场景

虚拟现实项目离不开虚拟场景的搭建。虚拟直播的场景、3D电影的场景创建、动画场景、游戏场景、虚拟电视及综艺节目场景建造、虚拟会议场景、虚拟办公场景、制造业的虚拟机器及环境模拟、军事工业模拟、医疗器械模拟、交通工具模拟、科技及工业互联网模拟等都是虚拟现实引擎中将虚拟场景数字化的结果。虚拟现实引擎中关于场景制作的工具功能强大，熟练运用引擎工具是制作各种虚拟现实应用场景的必备技能。

本章的内容主要围绕虚拟现实引擎工具展开，讲解了素材的应用及场景创建工具相关知识。在基础知识的讲解之外还总结了虚拟现实美术资源的管理及优化，是虚拟现实内容设计岗位的基础技能之一。

- **职业功能：**掌握在虚拟现实引擎工具中场景创建与渲染的技能。
- **工作内容：**通过对虚拟现实引擎软件的理解，结合场景相关工具，能够掌握虚拟现实场景创建与渲染的核心技能。
- **专业能力要求：**能将三维模型、贴图等素材导入虚拟现实引擎及相关工具，能使用虚拟现实引擎及相关工具创建场景文件，能使用虚拟现实引擎及相关工具设置三维模型的LOD，能使用虚拟现实引擎及相关工具创建和修改摄像机，能使用虚拟现实引擎及相关工具创建、分类、管理各项美术资源。

- **相关知识要求：**虚拟现实引擎及相关工具资源管理知识，LOD 相关知识，虚拟现实场景创建方法，虚拟相机使用知识。

第一节　虚拟现实引擎素材导入

考核知识点及能力要求：

- 使用虚拟现实引擎软件前的准备工作。
- 掌握虚拟现实引擎编辑器基础操作。
- 了解素材导入操作步骤。

用虚拟现实引擎工具开发虚拟现实系统，有两大必不可少的部分，分别是虚拟现实内容设计和应用开发。在虚拟现实引擎工具中，为开发者准备了可以高度渲染 3D 图形的工具，运用这些功能就可以制作出逼真唯美的虚拟场景，但是在得到高分辨率的 3D 图形渲染效果的同时，也对开发者的硬件设备提出了更高的要求。在介绍引擎安装之前，先对国内外主流的虚拟现实引擎工具进行介绍。

一、主流虚拟现实引擎工具

早期，国内外的引擎大多面向游戏行业，例如，国外的 Unity3D、Unreal Engine 4、CryEngine 等引擎。随着虚拟现实技术的不断发展，虚拟现实与各个行业或者领域的结合应用不断成熟，这些引擎慢慢也成为虚拟现实应用开发的主流引擎工具。国内也针对虚拟现实应用开发设计了自主引擎，例如 IdeaVR。这些引擎工具都有各自的特点，下面将分别介绍。

（一）Unity3D

Unity3D 是由 Unity Technologies 开发的一个让玩家轻松创建诸如三维视频游戏、建筑可视化、实时三维动画等类型互动内容的多平台的综合型游戏开发工具，是一个全面整合的专业游戏引擎。Unity 类似于 Director、Blender game engine、Virtools 或 Torque Game Builder 等利用交互的图形化开发环境为首要方式的软件，其编辑器运行在 Windows 和 Mac OS X 下，可发布游戏至 Windows、Mac、Wii、iPhone、WebGL（需要 HTML5）、Windows phone 8 和 Android 平台，也可以利用 Unity web player 插件发布网页游戏，支持 Mac 和 Windows 的网页浏览。它的网页播放器也被 Mac 所支持。

开发者可以在 Unity3D 官方网站了解引擎相关内容，并下载和安装自己所需要的版本，网址是：https：//unity.cn/。

（二）Unreal Engine 4

Unreal Engine 4 由游戏公司 Epic Game 设计开发。Unreal Engine 4 专为具有很高的视觉效果要求的 3A 级游戏和照片级的可视化项目而设计，通过使用自定义光照、着色、视觉特效以及过场动画系统，把应用于 PC、主机和虚拟现实中的视觉效果推向极致。

Unreal Engine 4 中包含了蓝图工具和可视化调试系统，可以快速构建游戏原型并制作完整游戏、模拟及可视化内容，使得游戏内容创建变得更方便，其设计目标是赋予美工人员及游戏设计人员尽可能多的控制权来开发可视化环境中的资源，最小化程序员的协助，同时为程序员提供一个高度模块化的、可升级的、可扩展的架构，以便可以开发、测试及发行各种类型的游戏。

开发者可以在 EPIC Games 官方网站了解引擎相关内容，并下载和安装自己所需要的版本，网址是 https：//www.unrealengine.com/zh-CN。

（三）CryEngine

CryEngine 引擎由德国 Crytek 公司设计研发。在 3D 技术方面，CryEngine 5 引擎支持基于物理的渲染，使用真实世界的物理质感来模拟光和材料之间的相互作用，通过复制光线在真实世界中的效果，让游戏中的虚拟世界更加逼真，并且充分发挥 HDR（高动态光照渲染）的作用，实现令人震撼的大片级画质。

CryEngine 提供了所见即所玩的可视化关卡编辑器——沙盒，具有直观而且强大的

关卡设计功能，允许开发者在 PC 上实时创作和预览跨平台游戏。目前 CryEngine 5 也已开源其完整的引擎源代码。

开发者可以在 CryEngine 官方网站了解引擎相关内容，并下载和安装自己所需要的版本，网址是 https：//www.crytek.com/。

（四）IdeaVR

IdeaVR 由上海曼恒数字公司设计开发。IdeaVR 囊括动画系统、材质系统、交互编辑器、UI 系统、粒子系统、物理系统、光照系统和自然环境模拟等常用场景创作模块，内置多种预设参数，让用户可快速进行场景搭建。IdeaVR 用图形化的交互编辑器取代了传统代码编程，提供丰富的交互内容，用户通过拖拽逻辑单元模块和连线即可定义场景交互逻辑。IdeaVR 内置丰富的预设资源，同时提供可复用的项目模板，其中已预设了完整的交互功能和工具类插件，让不同行业的用户可以快速搭建出高品质内容场景。

IdeaVR 2021，是曼恒数字对 IdeaVR 引擎软件的重大更新，是一次里程碑式的突破。用户可实现基于图像识别算法的手势交互，轻松通过抓取、点击等自然手势实现与虚拟物体的交互操作。

开发者可以在曼恒数字官方网站了解引擎相关内容，并下载和安装自己所需要的版本，网址是 https：//www.gdi.com.cn/。

（五）Nibiru Creator

Nibiru Creator 是 Nibiru 睿悦全自主研发的一款国产无代码三维交互智能引擎工具。它具有三维无代码可视化工具，底层采用自主研发的 Nibiru Studio 引擎，拥有人工智能后台数据分析能力，支持多个硬件终端和网页模式。

Nibiru Studio 是一款三维实时渲染交互引擎工具，凭借其渲染能力、跨平台开发能力，为行业场景应用提供了底层技术支持，在交通、水利、金融、教育等场景得到广泛应用。

开发者可以在 Nibiru Studio 官方网站了解引擎相关内容，并下载和安装自己所需要的版本，网址是 https：//www.inibiru.com/creator.html。

二、前期准备

本章节以某型通用虚拟现实引擎作为讲解配套软件，在学习本章之前，需进行以下准备：

1. 创建一个 Epic Games 账户。

2. 下载并运行安装程序（Epic Games 启动程序设置项目）。

3. 登录 Epic Games 启动程序。

4. 安装该软件。

5. 启动该软件。

Epic Games 启动程序让使用者可以方便地下载并安装该软件的更新。如果已经有一个 Epic Games 的账户，可以跳过这一部分来了解下载并运行安装程序。浏览虚幻引擎网站，并单击“Get Unreal”（获得 UE）按钮，以下载安装程序（Epic Games 启动程序设置项目）。

（一）Epic 启动程序

在设置程序安装了 Epic Games 启动程序到计算机后，使用 Epic Game 账户凭证登录。

（二）安装 Unreal Engine 4

在登录到 Epic Games 启动程序后，可以准备安装该软件。软件安装的存储空间视版本不同需要大约 30 GB 的硬盘空间。需在安装该软件之前确认有充足的硬盘空间。

单击 Epic Games 启动程序载入屏幕的软件选项卡，如图 5–1 所示。

图 5–1　引擎安装

请单击安装引擎按钮来下载并选择该软件的版本，本书以 4.27 版本为例，如图 5-2 所示。

图 5-2　选择安装虚幻引擎版本

（三）启动 Unreal Engine 4

在 Epic Games 启动程序成功下载并安装该软件后，单击启动按钮。引擎软件启动后可以开始使用该软件。

三、工具编辑器

在该软件中有着多种不同类型的编辑器窗口，有可能是在 LevelEditor 中设计关卡，也有可能是在 Blueprint Editor 下为某个 Actor 编写关卡中的脚本行为，又或者是在 Cascade Editor 中制作粒子特效，或者在 Persona Editor 内设置角色的动画逻辑，对每个 Editor 有较好的理解，并知道它们能够做些什么事情，以及如何在它们之间来回切换，将对工作流程产生很好的改善，并能够在开发过程中避免无意义的障碍。

（一）关卡编辑器

关卡编辑器是用来构建游戏关卡的最主要的编辑窗口。简单来讲，这里就是用来定义游戏中的场所，可以添加各种不同类型的 Actor 和几何体、蓝图、级联粒子系统或者其他想添加到场景关卡中的东西。默认情况下，当新建一个项目或者打开一个项目时，都会打开关卡编辑器窗口，如图 5–3 所示。

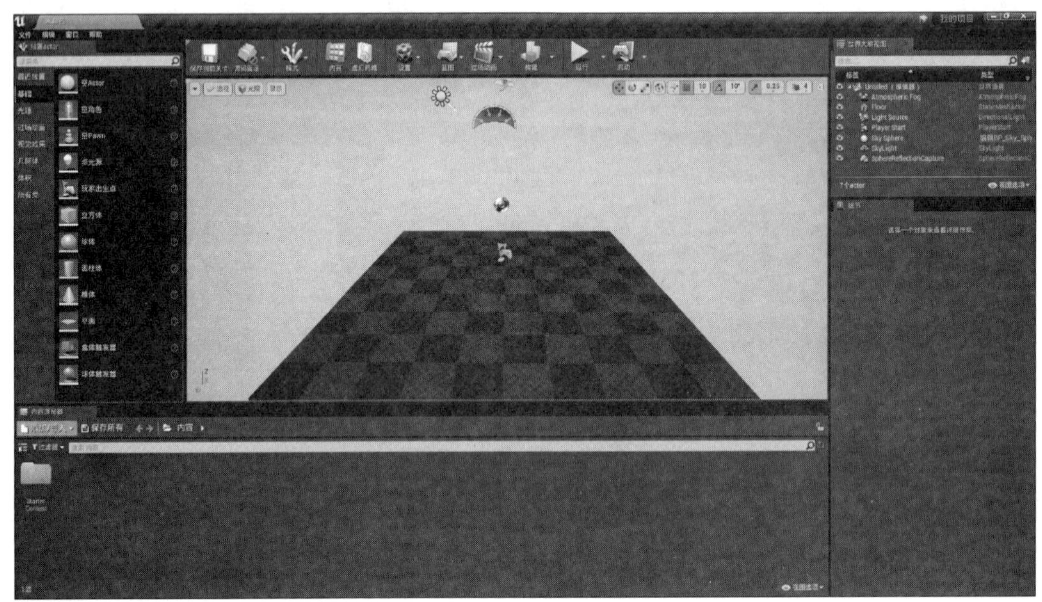

图 5–3　关卡编辑器界面图

（二）材质编辑器

在材质编辑器中，可以新建（或者编辑已经存在的）材质，这些材质能够应用于一个模型来控制模型的可见外观。比如，能够创建一个“泥土”的材质，并将它应用于场景中的地面或者地表上，来达到泥地的表面可视效果，如图 5–4 所示。

（三）蓝图编辑器

在蓝图编辑器中可制作或修改蓝图，蓝图是一种特殊的资源，能够作为一个新的 Actor 类型来创建，并且用脚本来响应关卡事件，无须编写任何 C++ 代码，如图 5–5 所示。

（四）级联粒子编辑器

在该软件中的粒子系统由级联粒子编辑器来编辑制作，这是一个完全整合在引擎中的模块化粒子特效编辑器。级联系统提供了实时的粒子效果查看，以及效果的模块化编辑，能够多快好省地创建制作最为复杂的特效表现，如图 5–6 所示。

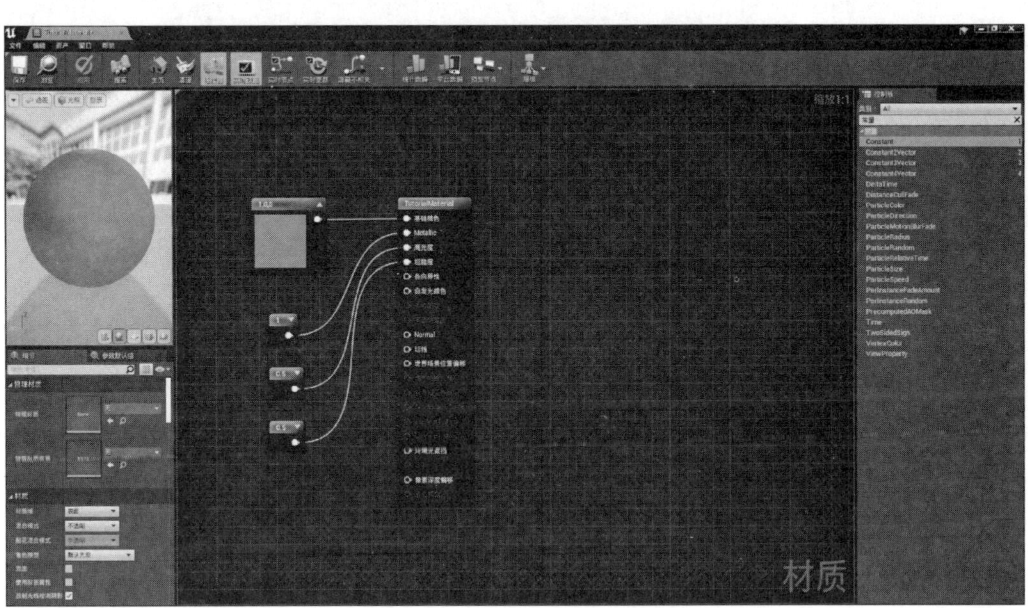

图 5-4　材质编辑器界面图

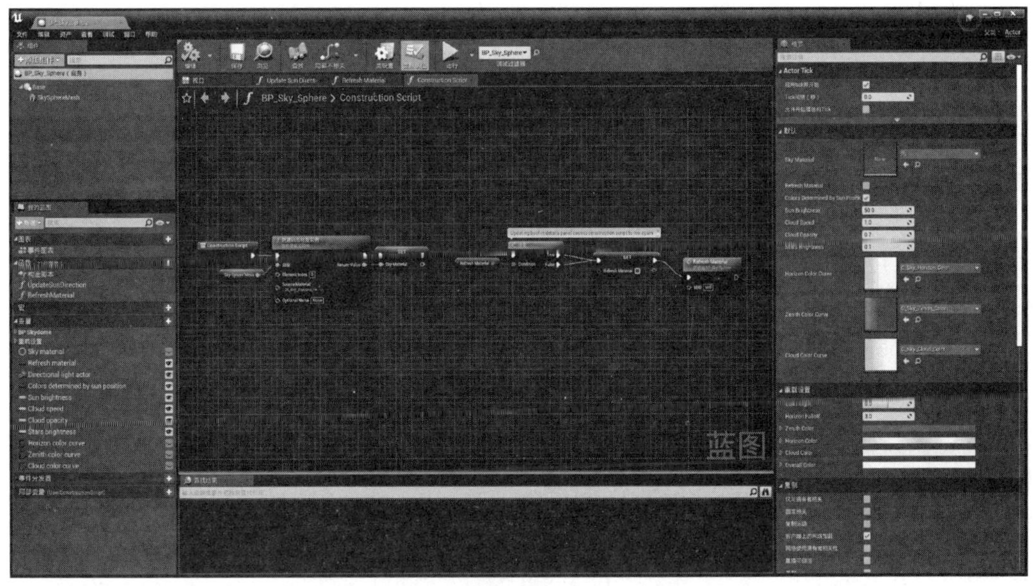

图 5-5　蓝图编辑器界面图

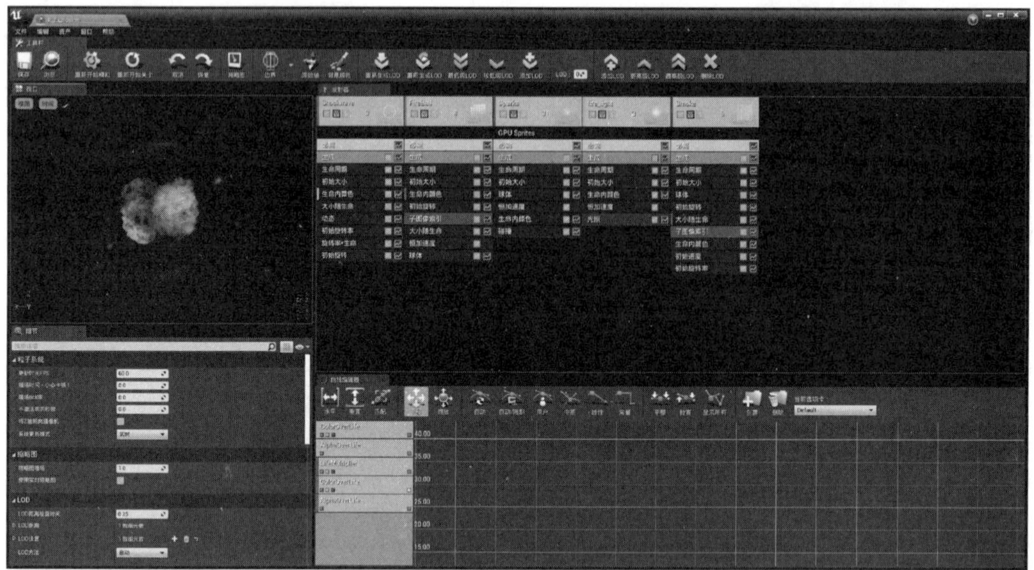

图 5–6 级联粒子编辑器界面图

（五）Paper2D 图片编辑器

该 Paper2D 图片编辑器能够设置并编辑独立的 Paper 2D Sprites（这是一个在该软件中快速方便地显示 2D 图片的方法），如图 5–7 所示。

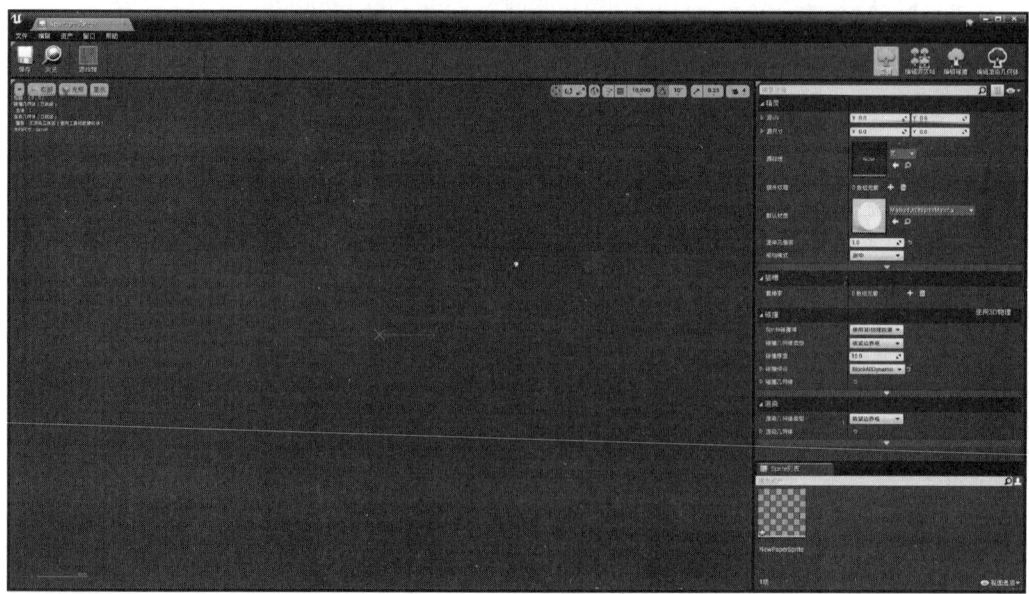

图 5–7 Paper2D 图片编辑器界面图

（六）Physics Asset 工具编辑器

Physics Asset 工具编辑器用来为骨架网格体（Skeletal Mesh）创建 Physics Asset，能够从零开始制作完整的 regdoll，或者使用自动化的工具来生成基础 Physics 物体的各个部分以及 Physics 的约束设置，如图 5-8 所示。

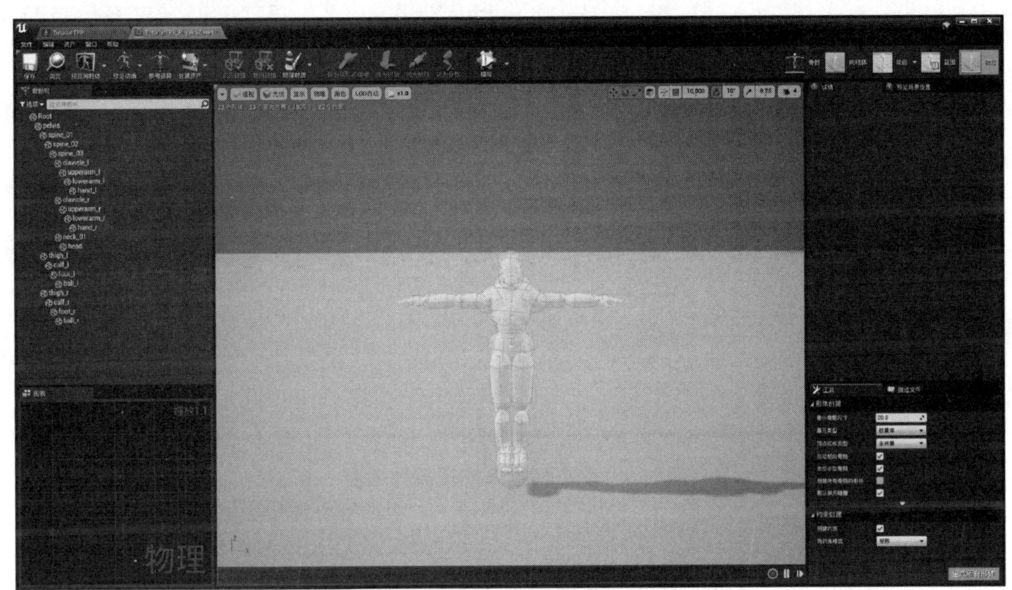

图 5-8 Physics Asset 工具编辑器界面图

（七）静态网格体编辑器

静态网格体编辑器用来对模型的外观、碰撞和 UV 来做预览，并且能修改静态网格体的一些参数属性。在静态网格体编辑器中还可以为静态网格模型资源设置 LODs（或者叫 Level of Details 设置），如图 5-9 所示。

（八）媒体播放编辑器

媒体播放编辑器在该软件中播放来自媒体的文件或者其他 URL 地址的源媒体。虽然这里的“编辑器”并不是说真的能够在这个编辑器中编辑媒体文件，但这里是用于定义媒体文件回放时的设置，比如是否自动播放、播放的速率以及是否循环播放等。

同时还能够在这个编辑器中查看媒体的信息，以及使用标准回放的控制来查看该媒体内容，如图 5-10 所示。

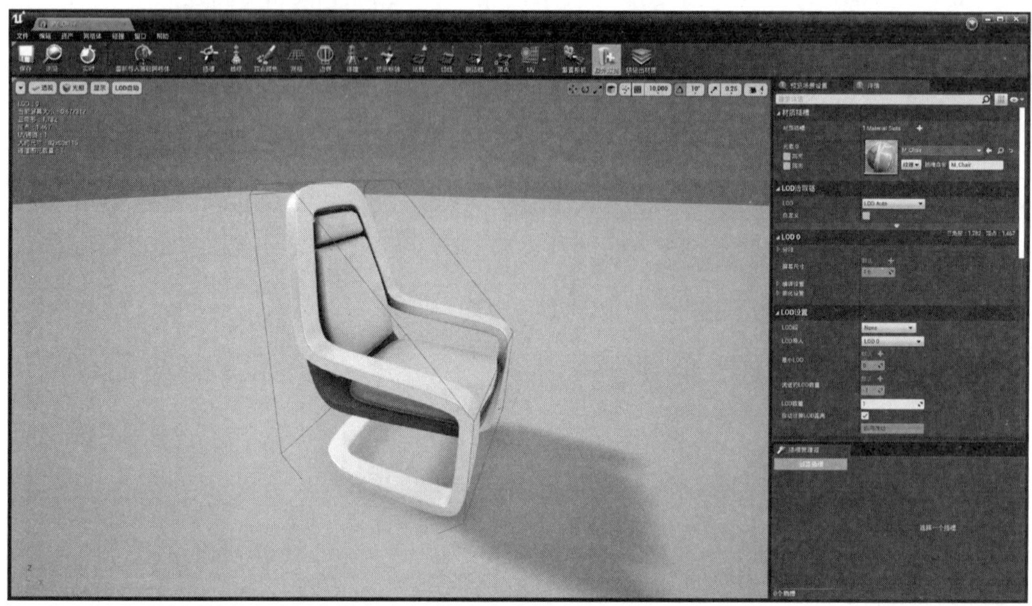

图 5-9　静态网格体编辑器界面图

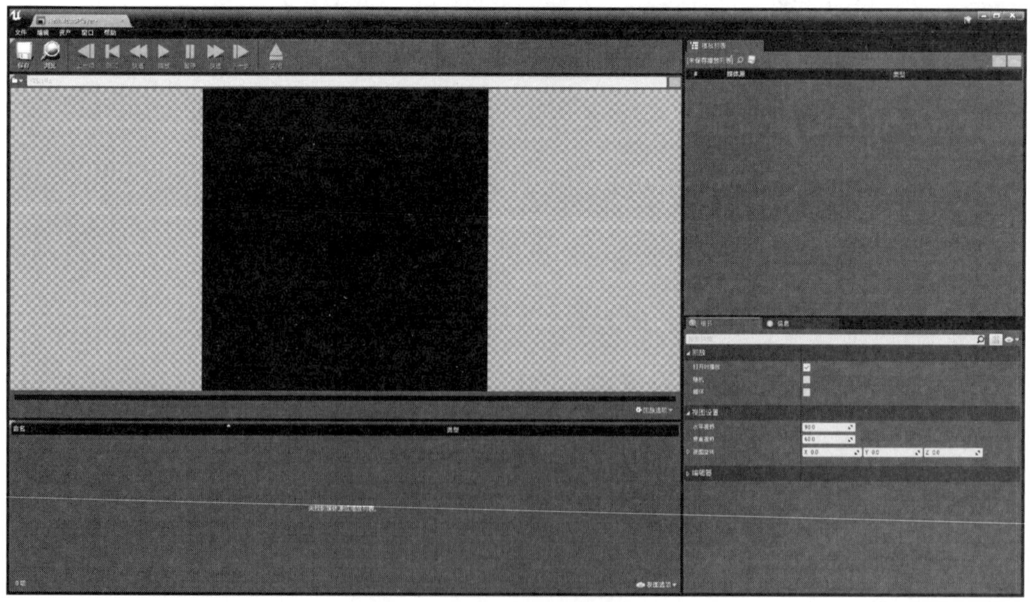

图 5-10　媒体播放编辑器界面图

四、素材导入

本节的目的是展示内容创建者如何方便地使用该软件来添加资源到项目中。在学习完本节后，读者们将了解如何使用 Project Browser（项目浏览器）来创建新项目，浏览 Content Browser（内容浏览器）来搜寻和添加内容，了解在 FBX Content Pipeline（FBX 内容通道）的哪个位置中搜寻信息，以及在应用 Materials（材质）到 Static Mesh Actor（静态网格物体 Actor）前使用 Material Editor（材质编辑器）来修改 Materials（材质）。

（一）新建项目及设置

图 5-11 所示是启动该软件引擎后将看到的界面。

图 5-11　新建项目界面

在虚拟项目浏览器中，单击新建项目分页的 New Project，单击蓝图 Blueprint 分页并选择空项目 Blank，然后根据以下设置来选择。

- 桌面 Desktop/ 主机 Console

- 最高质量 Maximum Quality
- 包含默认内容资源 With Starter Conter
- 选择项目保存的目录 C:\Users\ran\Desktop\F
- 给项目命名 MyProject2
- 单击创建项目 Create Project 按钮 Create Project

到此处，该软件会将所有内容作为一个项目保存到磁盘上。当完成此操作时，该软件会组织管理网格模型和贴图。内容浏览器 Content Browser 可作为一个极佳的工具，用于翻阅项目目录结构，也可以在硬盘中的项目目录里浏览内容，如图 5-12 所示。

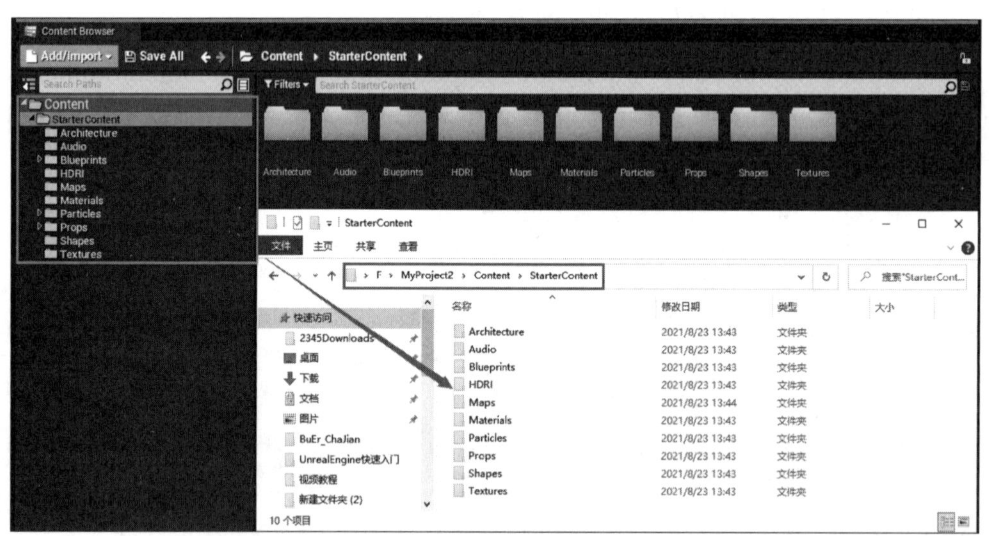

图 5-12　内容浏览器与硬盘项目文件夹结构对比图

这样，应该已经可以顺利地创建项目，并在该软件中浏览项目资源。该软件会自动导入项目目录中的资源内容。

（二）新建目录

保持项目内容的组织有序一直都是一个好习惯。首先要学习如何新建一个目录，以便保存接下去要导入的各种内容资源。然后将下载后的资源解压到计算机的本地某个目录下。

图 5-13　添加 / 导入按钮

在编辑器的内容管理器中，单击添加或导入（Add/Import）按钮，如图 5-13 所示，选择新建目录 New Folder 并且在

“/Game”之下创建。

将刚创建的目录命名为“Quick Start Content”。最后，双击打开“QuickStart Content”目录。命名规则是严谨的事情，当对目录和文件命名时，应尽量保持一致性。

（三）导入网格物体

向项目中添加内容资源有几种方式，首先重点了解内容浏览器中的导入功能。

1. 现在已经在“Quick Start Content”的目录中了，依然是单击添加 / 导入按钮，并选择弹出内容的 Import to 按钮，会打开一个文件对话框。

2. 在文件夹中找到 Basic Asset 和 Basic Asset2.FBX 网格物体文件所在的目录并选中它们，如图 5-14 所示。

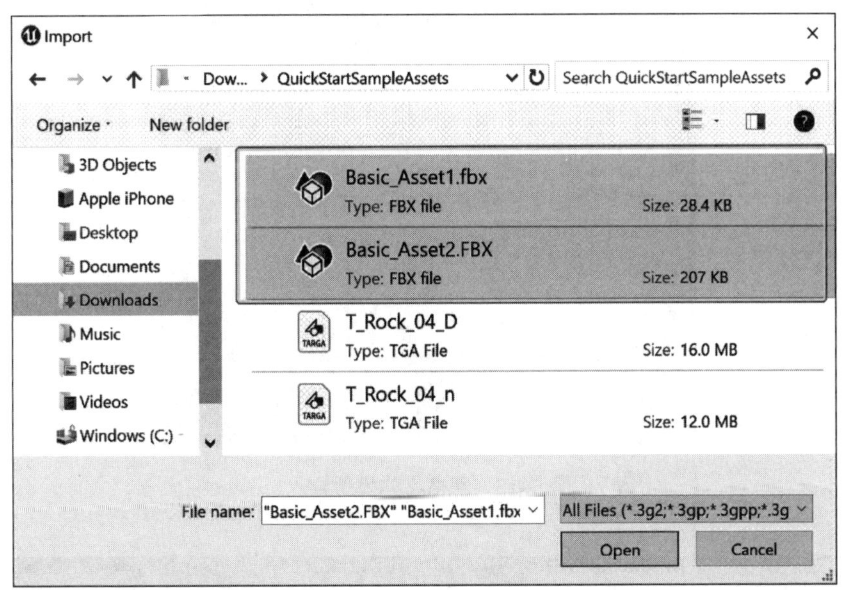

图 5-14　网格物体文件

3. 单击“Open”，开始将 FBX 网格物体文件导入项目。

4. 在编辑器中，会看到 FBX 导入选项（Import Options）对话框，可以单击“导入”或者“导入所有”来将网格物体模型导入项目中，如图 5-15 所示。

5. 单击保存全部“Save All”按钮来保存刚刚导入的网格物体模型，如图 5-16 所示。

6. 会出现一个保存内容 Save Content 对话框，可以单击“保存当前选中项”来保存刚刚导入的资源。

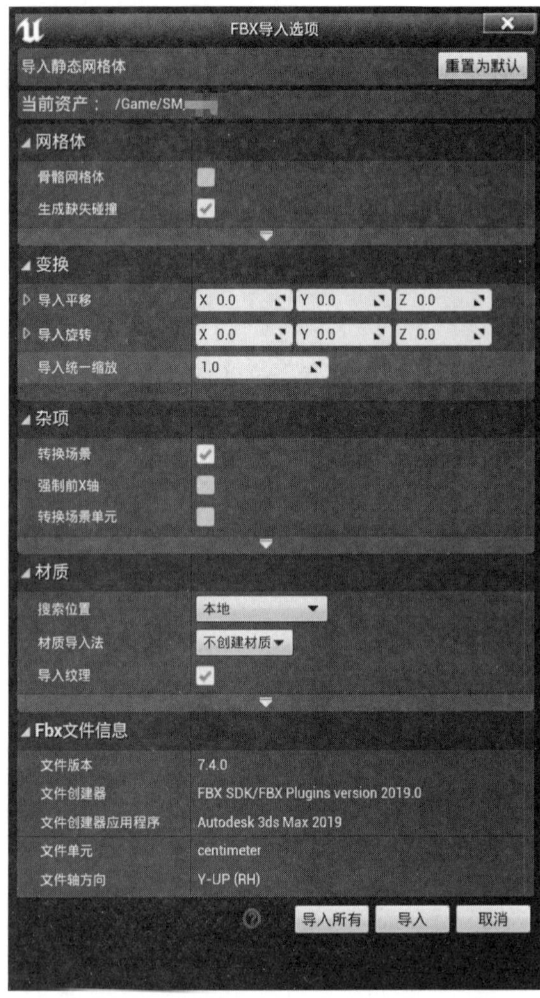

图 5–15　网格物体模型导入

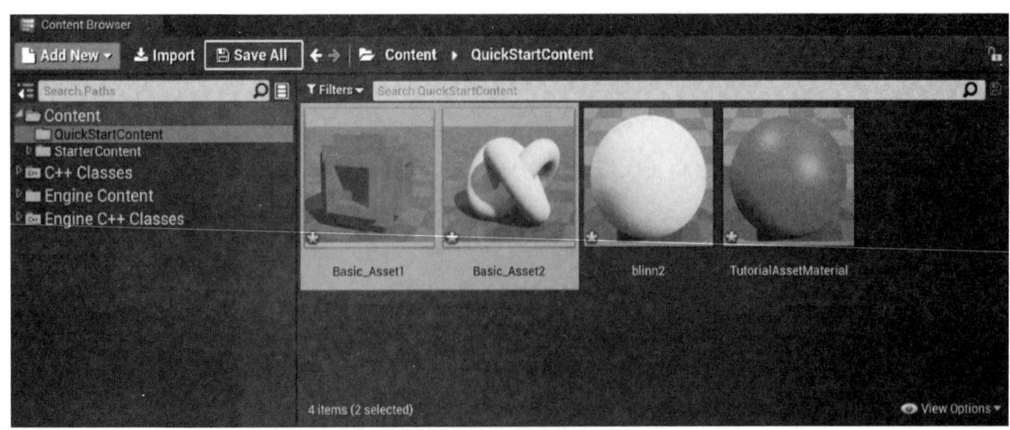

图 5–16　保存按钮

7. 打开“Quick Start Content”目录，确认刚才创建的那些 asset 文件。

（四）导入贴图

以上文相同的方式用“添加 / 导入”按钮导入贴图，在文件夹内找到对应贴图文件即可导入。

单击“Save All”按钮将显示保存内容（Save Content）对话框。单击“保存选中项”（Save Selected）保存导入的资源。导航到 Quick Start Content 文件夹，验证该软件创建了对应的 *.uasset 文件。单击“保存当前选中”来保存导入的资源。找到并打开“Quick Start Content”目录，确认该软件创建了相应的 uasset 文件。

（五）准备网格物体以供导出

该软件的 FBX 导出管线采用 FBX2013 版本。在导出过程中使用不同的版本可能会导致不兼容。在文件菜单中右键单击要导出的网格物体，在弹出菜单中选择 Asset Actions–Export 选项，选择导出文件位置，完成导出，如图 5–17 所示。

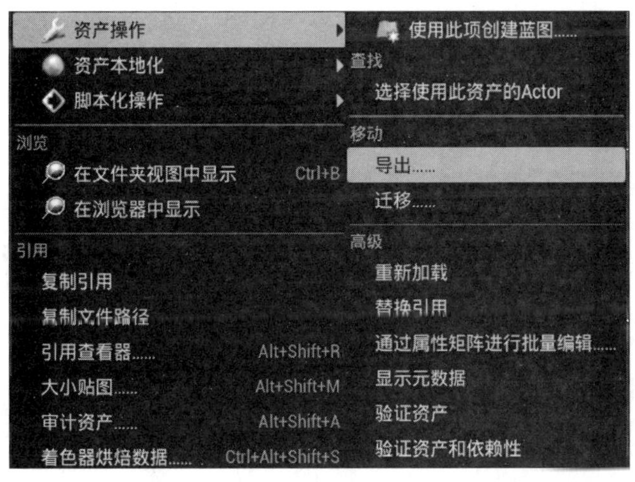

图 5–17　导出

以上几何体类目中的设置是将静态网格物体在该软件中导出或导入的最基本要求。到此，已经完成准备网格物体以供导入该软件的学习。规范的命名与制作可以提升项目的性能和工作效率。

第二节　创建场景文件

考核知识点及能力要求：

- 了解场景创建基础操作。
- 了解场景搭建要素。

一、关卡设计基础

完成本节后，将会得到一个类似于图 5–18 所示的房间。

图 5–18　场景效果

读者应掌握以下内容：

1. 如何在视口中移动、浏览。

2. 如何创建一个新的关卡。

3. 如何在关卡中摆放并编辑 Actor。

4. 如何构建并运行关卡。

（一）创建新项目

项目（Project）是保存所有组成单独游戏并与硬盘上的一组目录设置相一致的所有内容和代码的自包含单位。举例来说，内容浏览器的层次结构树包含与硬盘中的项目文件夹相同的目录结构。

尽管项目经常是由与其关联的 .uproject 文件所引用，它们是互存的两个单独文件，.uproject 是用于创建、打开或保存文件的参考文件，Project（项目）中则包含了所有与其关联的文件和文件夹。

用户可以创建任意数量的不同项目，并行地保存并开发它们。引擎（和编辑器）可以方便地在其中切换，它们可以让用户同时开发多个项目，或除了主要项目外，进行多个测试项目。

创建一个包含初学者内容的新项目，以便读者有一些可以处理的资源。Starter Content（初学者内容）包含了许多通用资源，使用户可以快速地开始构建关卡。

创建项目时，可以选择一个模板。这里提供了各种模板，以供创建一个包含针对各种常见项目类型的基本构建块的项目。在这个实例中，将继续使用 Blank（空白）模板，它将创建一个完全空白的、通用的项目。

选中 Include starter content（包含初学者内容包）项，单击 Create Project 按钮完成项目创建。编辑器将会打开，且加载了新的项目。

注意，第一次加载编辑器时会打开欢迎指南，它提供了针对关卡编辑器的快速介绍。

（二）导航视口

可以使用初始关卡的这个小区域作为参考，来熟悉视口相机操作。以下是在该软件中导航视口的三种最常用的方法。在适应了导航关卡后，可以接着学习放置 Actor。

1. 标准操作

表 5-1 中的操作代表了在没有按下任何按键或按钮的情况下，在视口中进行单击和拖动的默认行为，这些操作也是用于导航正交视口的仅有的操作。

表 5-1　视口标准操作表

操作	动作
透视口	
鼠标左键 + 拖动	前后移动相机，及左右旋转相机
鼠标右键 + 拖动	旋转视口相机
鼠标左键 + 鼠标右键 + 拖动	上下移动
正交视口（透视口、前视口、侧视口）	
鼠标左键 + 拖动	创建一个区域选择框
鼠标右键 + 拖动	平移视口相机
鼠标左键 + 鼠标右键 + 拖动	拉伸视口相机镜头
聚焦	
F	将相机聚焦到选中的对象上。这对于充分利用相机翻滚是非常必要的

2. WASD 飞行控制

这些操作仅在透视口中有效，默认情况下，必须按住鼠标右键才能使用 WASD 游戏飞行控制，具体见表 5-2。

表 5-2　视口相机控制表

操作	动作
W/ 数字键 8/ 向上箭头键	向前移动相机
S/ 数字键 2/ 向下箭头键	向后移动相机
A/ 数字键 4/ 左箭头键	向左移动相机
D/ 数字键 6/ 右箭头键	向右移动相机
E/ 数字键 9/ 向上翻页键	向上移动相机
Q/ 数字键 7/ 下翻页键	向下移动相机
Z/ 数字键 1	拉远相机（提升视场）
C/ 数字键 3	推进相机（降低视场）

3. 环绕、移动及跟踪

虚幻编辑器支持 Maya 式的平移、旋转及缩放的视口控制，表 5-3 是针对这些按键的介绍。

表 5-3　视口特殊操作表

命令	描述
Alt+ 鼠标左键＋拖动	围绕一个单独的支点或兴趣点翻转视口
Alt+ 鼠标右键＋拖动	向前推动相机使其接近或远离一个单独支点或兴趣点
Alt+ 鼠标中键＋拖动	根据鼠标移动的方向将相机向左、右、上、下移动

（三）创建一个新关卡

接下来，将创建一个新关卡用来构建项目环境。创建一个新关卡，和创建一个新项目类似。虚幻引擎允许选择模板。默认情况下，有一个默认模板（它具有非常简单的场景），和一个 Empty Level（空白关卡）模板供用户选择。

下面开始创建新关卡。从关卡编辑器窗口的“文件”菜单中，选择新建关卡（New Level），这时会显示新建关卡（New Level）对话框，如图 5-19 所示。

图 5-19　新建关卡

可以单击空白关卡（Empty Level）模板来选择完全空白的关卡，供用户随意放置任何可见的、与项目相关的道具。

（四）放置 actor

“放置”这个概念可以扩展到编辑器的很多选项，涉及单击并拖动某物到关卡视口中。

模式面板（Modes Panel）中的放置模式（Place Mode）可以放置任何常用的 actor，比如光源和几何体。在以下的步骤中，可以放置一个地面、一个定向光源、大气雾、玩家起点、发射捕获和几个静态网格物体 actor。

简单地讲，actor 是可以放置到关卡中的对象，当使用虚幻引擎 4 创建关卡时，可以放置、移动及编辑各项 actor。

首先，需要一个地面来用于放置所有东西，在本示例中，使用一个盒体几何体 actor。

在模式面板中，启用放置模式，单击几何体类别。在模式面板中，可以通过单击盒体几何体 actor 并将其放置到关卡中，如图 5-20 所示。

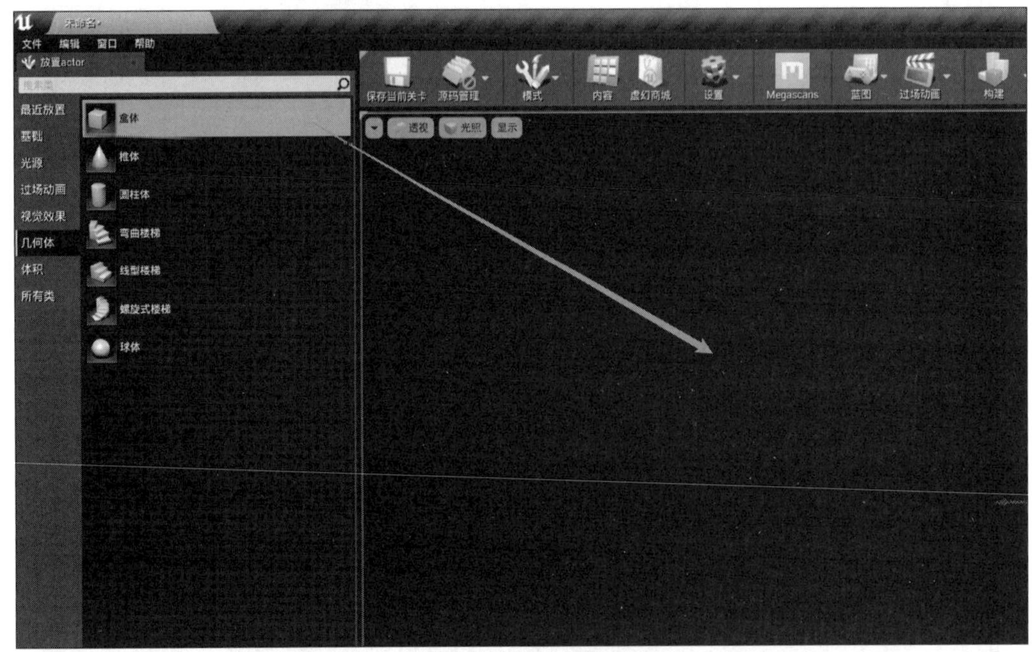

图 5-20　放置几何体

放好地面并调整好位置后，切换到模式面板的光源类别中。在地面盒体的顶部，放置一个定向光源到关卡中，如图 5-21 所示。

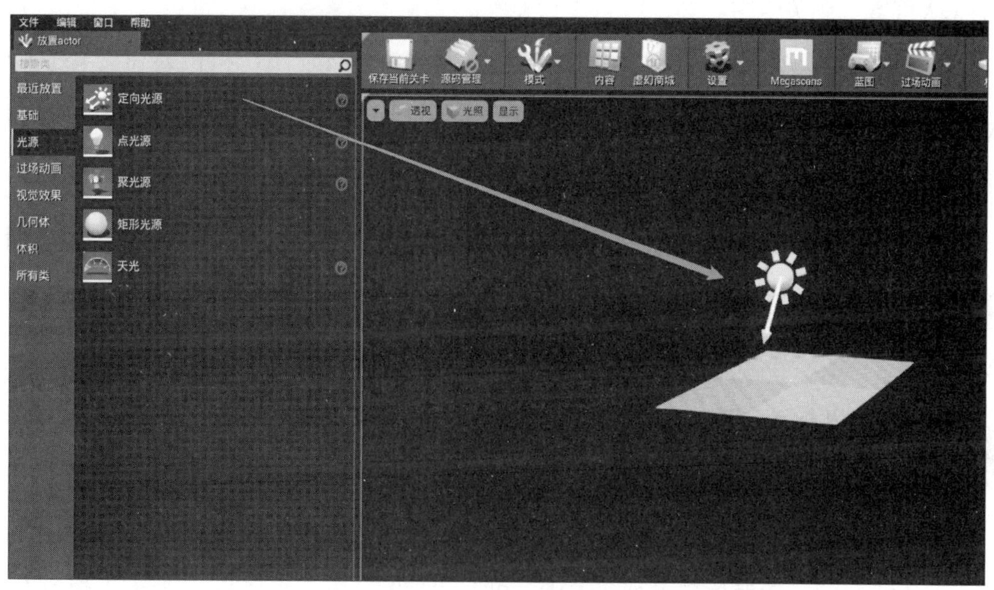

图 5-21　放置定向光源

这个定向光源恰好放置在地面盒体表面上，为了能更轻松地找到该光源，可以使用“W”键切换到平移工具（Translation Tool），将它移动到地面的上方。

单击并拖动平移工具的 Z 轴（蓝色轴）小工具，从地面向上拖动，如图 5-22 所示。

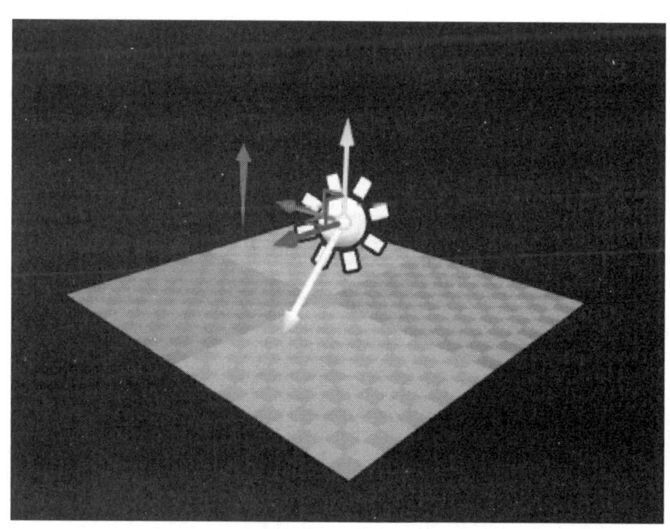

图 5-22　移动工具的使用

如果没有选中该定向光源，那么可以在视口中单击来选中它，然后就会出现当前的变换小工具。在模式面板中切换到 Visual（视觉效果）类别，放置一个 Atmospheric Fog（大气雾）到关卡中。

大气雾 Actor 将会为该场景添加一个基本的天空。在视口中，可以看到地平线上的太阳。在模式面板中，切换到 Basic（基本）类别。放置一个 Player Start（玩家起点）到关卡中。

当 Player Start Actor（玩家起点 Actor）朝向变换小工具的负 X 轴（红色轴）时，意味着它指向地面的边缘。通过按下“E”键可以启用旋转工具，旋转以使它朝向地面的中心。

通过单击并拖动 Z 轴（蓝色）弧形工具来旋转 Player Start Actor（玩家起点 Actor），以便玩家起点 Actor 上的浅蓝色箭头向内朝向地面的中心。

在模式面板中，切换到 Volumes（视觉效果）类别，放置一个 Lightmass Importance Volume（Lightmass 重要体积）到关卡中。Lightmass Importance Volume 的大小和地面一样，但是需要把它变得更大，以便它可以包围即将放置到关卡中的所有东西。通过按下“R”键可以切换到 Scale Tool（缩放工具）。

单击并拖动缩放工具的轴，使 Lightmass Importance Volume 变得比地面盒体大。此时，视口的渲染模式设置成了 Unlit（无光照），以便更清楚地看到构成体积的边线。

此时，放置的所有 actor 都来自模式面板，同时也可以从内容浏览器中放置内容。内容浏览器如图 5-23 所示。

图 5-23　内容浏览器

从现在开始，可以放置类似于静态网格物体、骨架网格物体、蓝图等内容。并且可以将材质放置到已放置到关卡中的 actor 上。Starter Content（初学者内容）中包含一个道具文件夹，向下滚动到 Props 文件夹，并双击来进行浏览，如图 5-24 所示。向下滚动，找到名称为 SM_TableRound 的静态网格物体资源，单击并拖动该资源到关卡中。

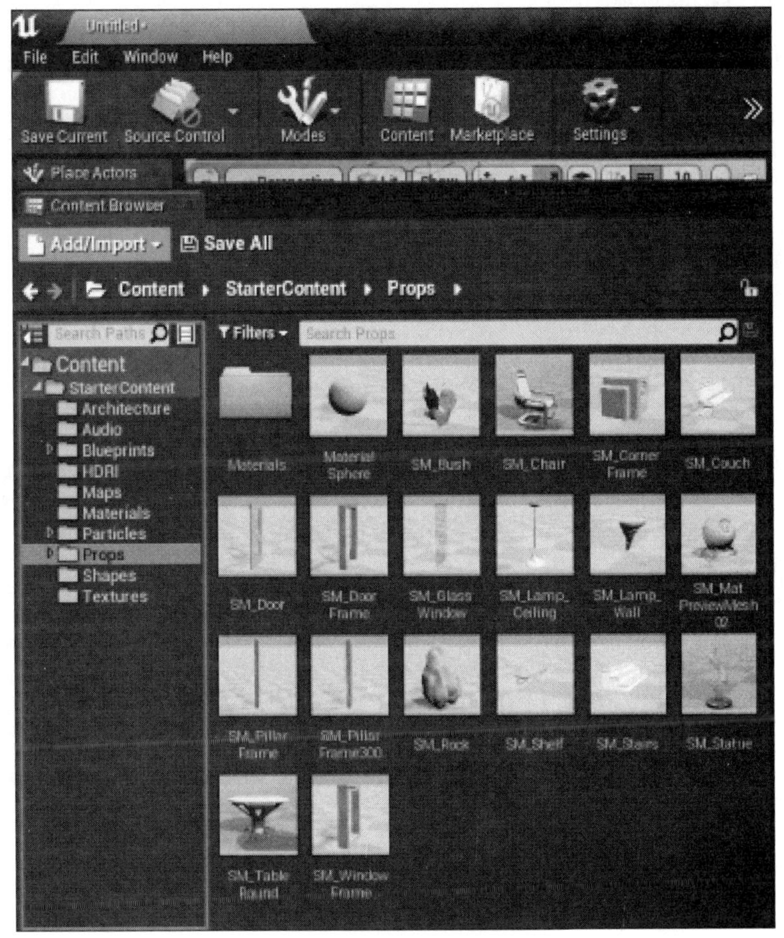

图 5-24　道具文件夹目录

（五）编辑已放置的 actor

放置了若干 actor 后，可以编辑其中的几个。要编辑的第一个 actor 是定向光源（Directional Light），可以通过在视口中单击定向光源，在详细信息面板的光源类下，用作大气的太阳光。

场景中的所有 actor 都具有很多可以修改的属性。随着旋转定向光源，天空颜色将会改变。并且如果旋转视口，将看到现在太阳和定向光源对齐。这是一个实时处理过程，通过旋转定向光源，天空会相应变为夜里、日出、白天及日落的效果。

可以修改放置的其中一个静态网格物体的材质，首先要选中它，然后修改其详细信息的材质类目中的元素（Element）属性。

（六）执行构建过程

到目前为止，可以看到阴影中的“预览”标签和墙底下的漏光效果。这是因为场景中的所有光源都是静态的，并且使用预计算或烘焙光照，但是这个预计算光照还没有进行计算。那里的“预览”文本是为了提醒目前在场景中所看到的效果不是将在运行后看到的效果。要想使场景光照正常运行，那么需要运行构建（Build）过程。

虚拟编辑器中的构建（Building）非常简单，选择质量设置并单击 按钮即可。要想选择质量级别，请单击 按钮旁边的 来展开构建选项（Build Options），然后再展开光照质量（Lighting Quality）菜单。

设置质量级别（Quality Level）为产品级（Production）。构建所需时间与场景复杂程度和灯光复杂程度基本成正比。单击 按钮，等待构建（Build）完成，如图 5-25 所示。在制作调试过程中可以选用预览级（Preview）光照质量，最终输出前再选用产品级光照质量构建。

图 5-25 执行构建

二、项目（Project）

项目（Project）是保存所有组成单独游戏并与硬盘上的一组目录设置相一致的所有内容和代码的自包含单位。举例来说，内容浏览器的层次结构与硬盘中的项目文件夹内相同。

尽管项目经常是由与其关联的 .uproject 文件所引用，它们是互存的两个单独文件。uproject 是用于创建、打开或保存文件的参考文件，Project（项目）中包含了所有与其

关联的文件和文件夹，可以创建任意数量的不同项目，可以并行地保存并开发它们。引擎（和编辑器）可以方便地在其中切换，为开发多个项目提供便利。

（一）Object（对象）

在该软件中，最基础的建造单元叫作 Object，对于制作交互应用来说，它包含了很多必要的背后的功能。该软件中几乎所有的东西都是继承于 Object。在 C++ 中，uobject 是所有类的基类，实现了诸如垃圾回收、开放变量给编辑器的元数据（UProperty），以及存盘和读盘时的序列化功能。

（二）Actor（演员）

Actor 是可以放置在关卡中的任意对象。Actor 是支持三维变换的通用类，例如，平移、旋转和缩放变换。Actor 可以通过项目代码（C++ 或蓝图）来创建（Spawn）及销毁。

引擎中有多种不同类型的 Actor，比如 Static Mesh Actor（静态网格物体）、Camera Actor（摄像机）及 Player Start Actor（玩家起始点）。

（三）组件

组件是一种特殊类型的对象，用作 Actor 中的一个子对象。组件一般用于需要简单地切换的邮件的地方，以便改变具有该组件的 Actor 的某个特定方面的行为或功能。比如，一辆汽车的控制及运动和飞机是有很大差别的，而飞机的控制和运动又和船有很大区别。然而，所有这些都是交通工具，它们存在一些共性。通过使用一个组件来处理这些控制及运动，可以很轻松地使同一交通工具的行为变得像任何一种特定类型的交通工具。

（四）Character（角色）

Character（角色）是 Pawn Actor 的子类，用作玩家角色。Character 子类包括碰撞设置，两足动物运动的输入绑定，及由玩家控制的运动的额外代码。

（五）Player Controller（玩家控制器）

Player Controller 类用于获得玩家输入并将其转化为游戏中的互动，并且每个项目至少有一个玩家控制器。Player Controller（玩家控制器）常常支配着项目中代表用户的 Pawn 或角色。

Player Controller（玩家控制器）也是多人交互项目中的主要网络交互点。在多人交互项目中，服务器具有每个用户的玩家控制器的一个实例，因为它必须能对每个用户进行网络函数调用。每个客户端仅具有与其用户相符的玩家控制器，并且仅能使用其玩家控制器来与服务器沟通。

（六）Brush（画刷）

Brush（画刷）是用来定义 BSP 关卡几何体和关卡体积的工具。另外，它也表示可以用来对表面或场景涂画不同的值（比如颜色）的一种用户接口设备。

（七）Level（关卡）

Level（关卡）是定义的项目区域，也被称为地图，主要通过放置、变换及编辑 Actor 的属性来创建、查看及修改关卡。每个关卡都保存为单独的 .umap 文件，它与项目文件（.uproject）不同。

（八）World（世界）

一个 World（世界）包含了所加载的一系列关卡，它处理关卡的动态载入及动态 Actor 的生成（创建）。

尽管没有必要直接同世界交互，但它确实在项目中帮助提供了一个特定的引用点。也就是，当提到“世界”时，意味着不是在讨论关卡、地图或项目。

（九）Game Modes（游戏模式）

Game Modes 类负责设置正在运行的交互规则。这些规则包括了用户如何加入项目、项目是否可以暂停、关卡转变及任何交互特定行为，如胜利条件等。

可以在 Project Settings（项目设置）中设置默认游戏模式，也可以基于每个关卡覆盖。该设置，无论选择如何实现游戏模式，每个关卡中将仅存在一种游戏模式。在多用户交互中，游戏模式仅存在于服务器上，各种规则会被复制（发送）到每个连接的客户端上。

第三节　设置三维模型

考核知识点及能力要求：

- 了解静态网个体模型基本知识。
- 了解静态网格体 LOD 的相关知识。
- 了解虚拟现实引擎中基础材质的设置。

一、静态网格体设置

静态网格体（Static Mesh）是由一系列多边形构成的几何体的组成部分，缓存在视频存储器中，可以使用显卡进行渲染。这些静态网格体的渲染效率更高。换句话说，它们可能比其他几何类型（如笔刷）更复杂。静态网格体缓存在视频存储器中，因此，可以对它们进行平移、旋转和缩放，但不能为其顶点设置动画。

静态网格体是用于在虚幻引擎中创建关卡世界场景几何体的基础单元。它们是在第三方建模软件（如 3ds Max、Maya、Softimage 等）中创建的 3D 模型，可通过内容浏览器（Content Browser）将之导入虚拟编辑器、保存到包内，然后通过多种方式来使用它们，创建可渲染的元素。游戏中使用虚幻引擎制作的绝大多数地图都包含静态网格体，其形式通常为“静态网格体 Actor”。静态网格体的其他用途还包括创建门或电梯等可移动物体、刚体物理对象、植被和地形装饰、过程化创建的建筑物、交互目标以及其他诸多视觉元素。

FBX 导入流程中加入静态网格体支持后，将网格体从 3D 软件加入虚幻引擎 4 的操作便极为简便。网格体导入后，应用到 3D 软件中网格体的材质纹理（仅限漫反射和法线贴图）也将被导入，并用于生成应用到虚幻引擎 4 中网格体的材质。

利用 FBX 导入静态网格体所支持的功能：

- 带纹理材质的静态网格体。
- 自定义碰撞。
- 多个 UV 集。
- 平滑组。
- 顶点颜色。
- LODs。
- 多个单独的静态网格体（也可以在导入时组合到一个单独的网格体中）。

通常而言，可以随意使用任何工具和方法来创建静态网格体。为将网格体顺利导出和导入到虚拟编辑器并使其拥有正常功能，在进行 UV 设置、网格体放置等操作时需要注意以下几点。

（一）枢轴点

虚幻引擎中网格体的枢轴点决定了执行任意变换（平移、旋转、缩放）时所围绕的点。

从 3D 建模软件中导出网格体时，枢轴点固定位于原点处（0，0，0）。因此，最好在原点处创建网格体，使原点位于网格体的一个角上，以便于与虚拟编辑器中的网格进行恰当的对齐。

（二）三角剖分

因为图形硬件仅处理三角形，所以必须对虚幻引擎中的网格体进行三角剖分。进行网格体三角剖分的方法有几种。

- 仅使用三角形进行网格体建模，能对最终结果进行最大程度的控制。
- 在 3D 软件中三角剖分网格体，在导出之前可以进行清理和修改。
- 让 FBX 导出器三角剖分网格体，无法进行清理，但适用于简单网格体。
- 让导入器三角剖分网格体，无法进行清理，但适用于简单网格体。

最好在 3D 应用中手动设置网格体的三角剖分，控制边的方向和放置方式。自动

三角剖分可能会导致不理想的效果。

（三）UV 纹理坐标

虚幻引擎 4 中的 FBX 流程支持多个 UV 集的导入。对静态网格体而言，通常用于处理漫反射的一个 UV 集。对使用 FBX 流程的静态网格体 UV 进行设置时无特殊要求。

（四）创建法线贴图

创建低分辨率渲染网格体和高分辨率的细节网格体即可直接在多数建模软件中创建网格体的法线贴图。高分辨率细节网格体的几何体可用于生成法线贴图的法线。如图 5–26 所示为高面数模型和应用法线贴图的低面数模型。

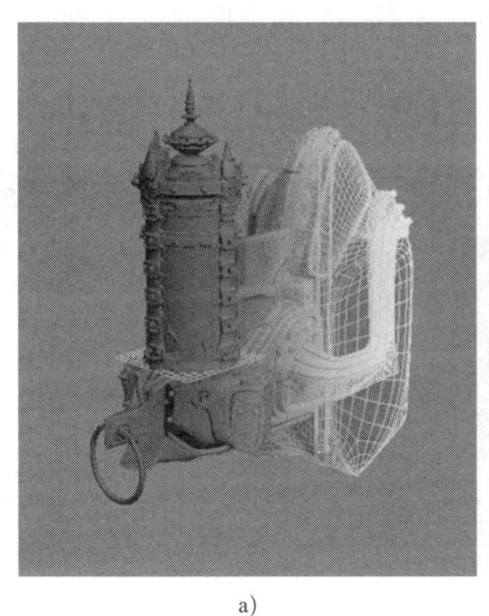

a)

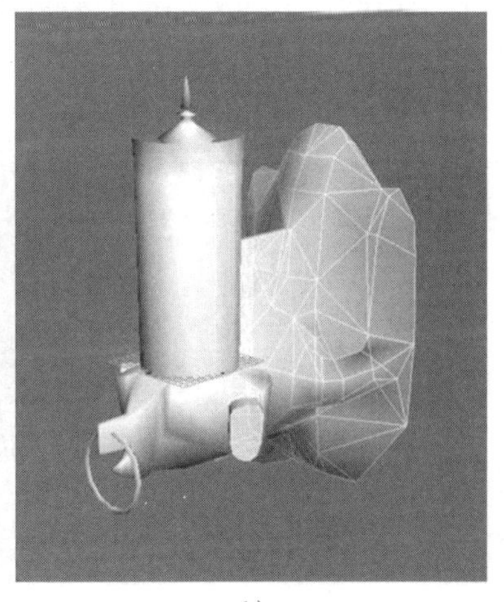

b)

图 5–26 模型精度对比

a）高面数模型 b）低面数模型

（五）材质

应用到在第三方软件中建模的网格体上的材质将随网格体一同导出虚幻引擎。这样便简化了导入过程，因为无须再将纹理单独导入虚幻引擎，也不需要进行材质创建和应用等操作。使用 FBX 流程时，导入进程可以执行全部操作。

需要以特定方式对这些材质进行设置，尤其是当网格体拥有多个材质，或网格体材质的排序很重要时（例如，角色模型的材质 0 需用于躯体，材质 1 需用于头部）。

（六）碰撞

简化的碰撞几何体对优化游戏中的碰撞检测十分重要。虚幻引擎 4 在静态网格体编辑器中提供了创建碰撞几何体的基本工具。但在某些情况下，最佳方案是在3D建模软件中创建自定义碰撞几何体，然后将其随渲染网格体一同导出。通常而言，这适用于对象不需要发生碰撞的开放或凹陷区域网格体，例如，门道网格体、拥有窗框的墙壁、造型奇特的网格体。

二、静态网格体LOD（见图5-27）

为将网格体逐渐远离相机而产生的性能影响降至最低，可以在项目中使用静态网格体的细节级别（LOD）。通常而言，以模型在画面内占比为判断依据，占比大的时候调用细节级别更高的模型和更加复杂的材质，这意味着每个低细节级别拥有的三角形数量更少，或对其应用的材质更为简单。

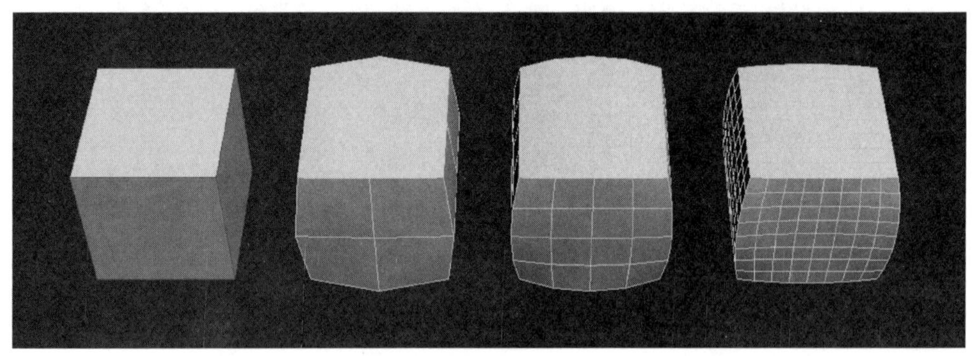

图5-27　静态网格体LOD

FBX流程可用于导入DCC工具（如Maya、3ds Max）创建的LOD网格体，也可以直接在UE内部为导入的静态网格创建LOD。

（一）LOD设置

通常而言，LOD的处理方式是创建复杂程度不一的模型，从完整细节的基础网格体到最低细节的LOD网格体。这些LOD网格体应该全部对齐，拥有相同的枢轴点且占有相同空间。每个LOD网格体可以指定完全不同的材质，包括不同数量的材质。这意味着基础网格体可以使用多个材质在近处产生理想的细节，但低细节网格体可以使用一个单独的材质，因为细节不甚明显。

每个DCC工具都有自己的工作流程来创建静态网格体的LOD，因此需参考所选

工具的文档，了解如何创建 LOD 并将其添加到 FBX 输出中。

（二）导入 LOD

在内容浏览器中，静态网格体 LOD 可随基础网格体一同导入，或通过静态网格体编辑器单独导入。

点击内容浏览器中的添加 / 导入（Add/Import）按钮并选择导入，在打开的文件浏览器中找到并选中需要导入的 FBX 文件。

1. 在导入（Import）对话中选择正确的设置。默认设置即可，但必须启用导入 LOD（Import LODs）。注意：导入 LOD 时，导入网格体的命名将遵循默认的命名规则。

2. 点击导入（Import）按钮来导入网格体和 LOD。如果导入过程成功，将在内容浏览器中显示最终的网格体、材质和贴图。

虽然纹理和材质将随静态网格体导入，但只有颜色（Color）和法线（Normal）将被自动连接（假定 3ds Max/Maya 中使用了支持的材质）；高光（Specular）贴图也将被导入，但不会连接；其他贴图如漫反射（Diffuse）槽中的环境光遮蔽（Ambient Occlusion）贴图则不会被导入。最好的方法是对材质进行检查，连接所有未连接的贴图，并检查哪些贴图未导入。双击新材质并将可用纹理连接到其相应的输入中即可。

在静态网格体编辑器中查看导入的网格体时，可使用细节面板中的 LOD 拾取器（LOD Picker）来循环切换 LOD。

静态网格体导入后，可以手动为它创建 LOD，虽然较为耗时，但会得到最好的结果（特别是复杂的网格体）。可以使用该软件的 LOD 自动生成工具，当需要为多个简单网格体生成 LOD 时，这种方法更加快捷，如图 5-28 所示。

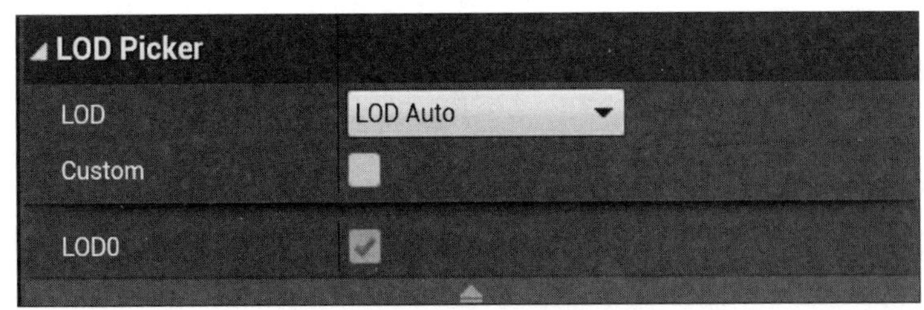

图 5-28　LOD 自动生成

三、基础材质

材质是应用到网格物体上的资源，能够给场景增加美学效果。在该软件的项目中，有几种创建和编辑材质的方法，首先重点关注材质编辑器。

创建一个新的“岩石”材质。在内容浏览器中，单击新建并选择材质，将新建的材质命名为“Rock”。

双击“Rock”材质将打开材质编辑器，如图 5–29 所示。

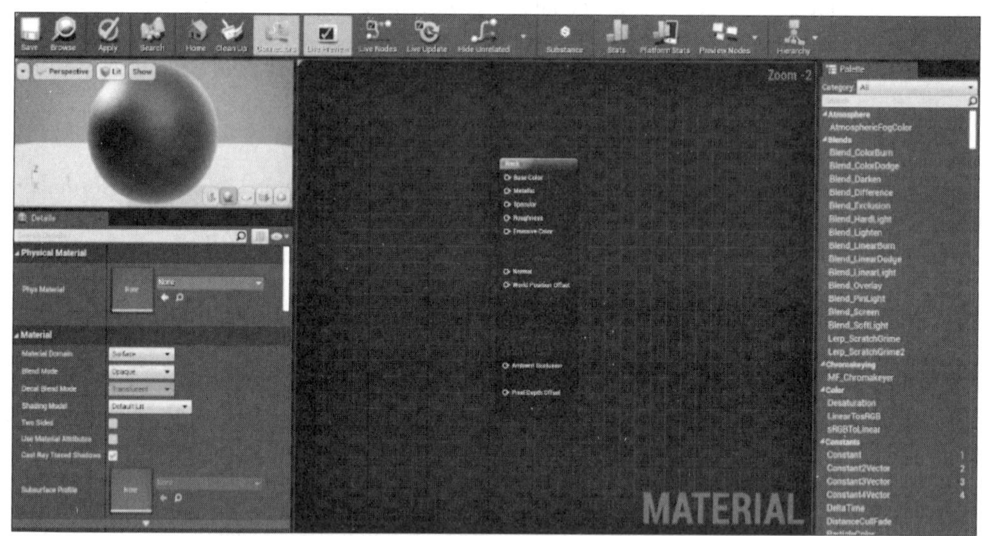

图 5–29　开启材质编辑器

（一）编辑材质

此时，已经创建了一个新材质并打开了材质编辑器。在材质编辑器中定义材质的颜色、亮度、透明度以及其他很多特性。在材质图的中心选择主材质节点。材质编辑器会对当前选中的节点高亮显示，如图 5–30 所示。这是图中目前唯一的节点（根据材质命名）。在细节面板中，将 Shading Model 从 Default Lit 改为 Subsurface，如图 5–31 所示。

Subsurface Shading Model 在主材质节点中打开了另两个引脚，即不透明度 Opacity 和次表面颜色 Subsurface Color，如图 5–32 所示。接下来，需要将贴图添加到图中。可以按住 T 键，然后在编辑器的图中单击左键。此时能在图中看到出现的 Texture Sample 节点，如图 5–33 所示。

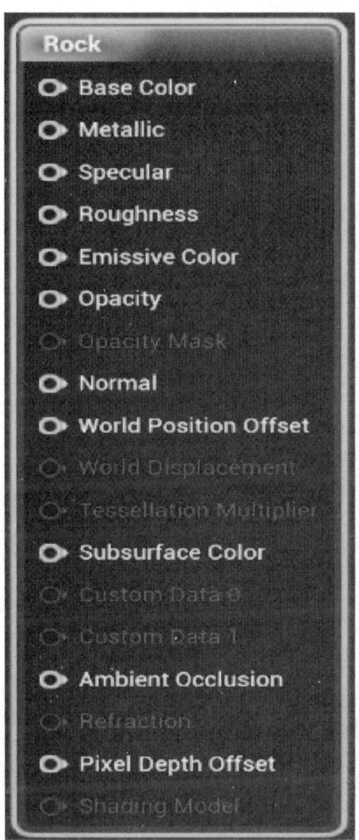

图 5-30　材质高亮显示

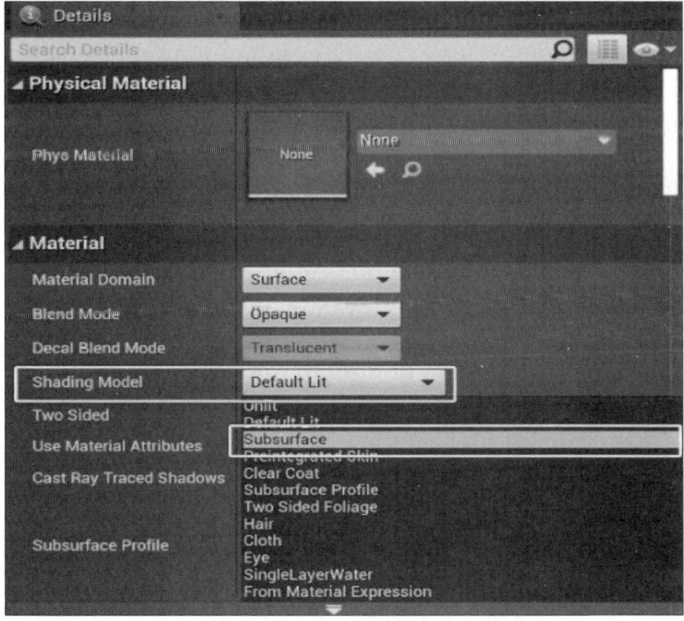

图 5-31　细节面板

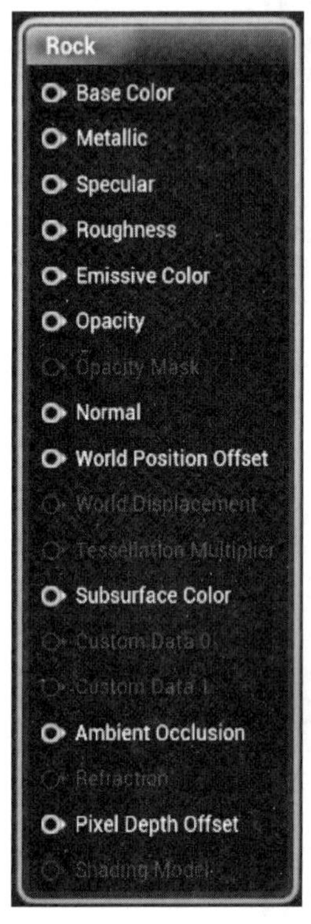

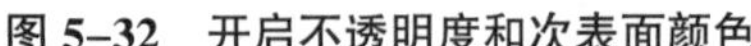
图 5-32　开启不透明度和次表面颜色

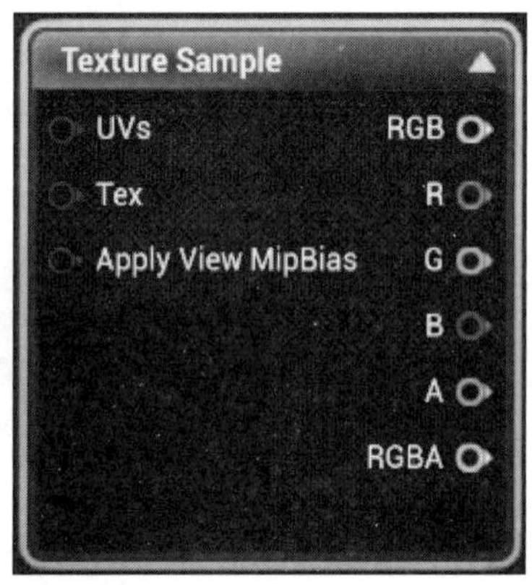

图 5-33　Texture Sample 节点面板

由于这里需要至少 2 张贴图，示例选用软件自带的新手内容资源，直方图类似图 5-34 的形式。选择其中一个 Texture Sample 节点，然后在细节面板中找到 Material Expression Texture Base 区块，如图 5-35 所示。

在 Texture 属性处，左键单击下拉菜单中命名为“None”的部分，并选择名为“T_Rock_Sandstone_D”的颜色贴图，也可以通过在搜索域输入“Rock”来使用搜索寻找贴图资源。

选择另一个 Texture Sample 节点并重复上一步骤，确认选择名称为“T_Rock_Sandstone_N”的法线贴图。将 T_Rock_Sandstone_D 贴图样本节点的颜色引脚（白色）连接到岩石材质的基础颜色的引脚，如图 5-36 所示。

刚连接的白色引脚包含了贴图的各个颜色通道。将 T_Rock_Sandstone_N 贴图样本节点的法线引脚（白色）连接到岩石材质的法线的引脚，刚连接的白色引脚包含了贴图的法线引脚的信息。预览效果如图 5-37 所示。

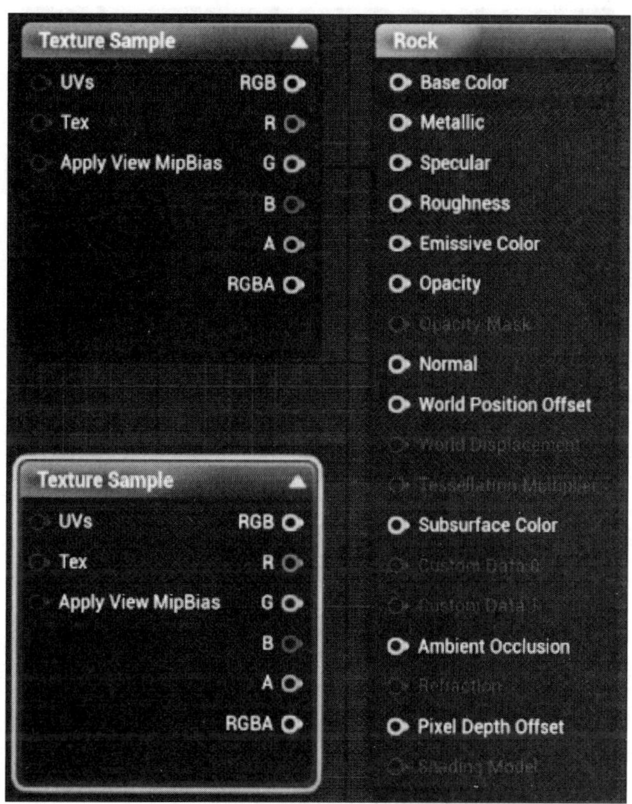

图 5-34　Texture Sample 面板

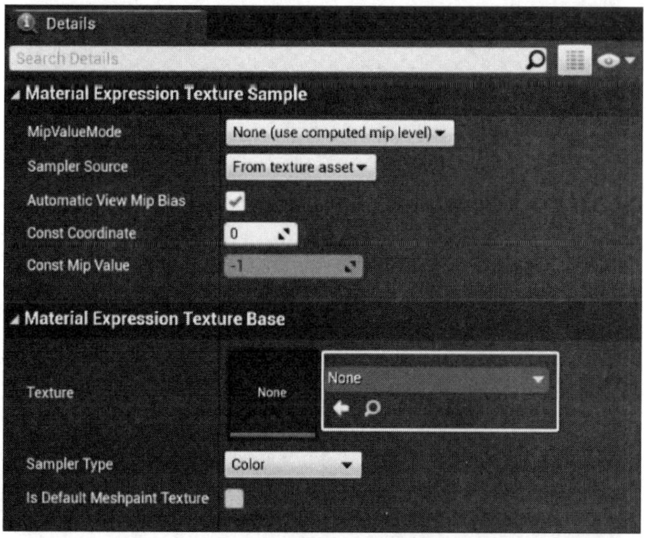

图 5-35　细节面板

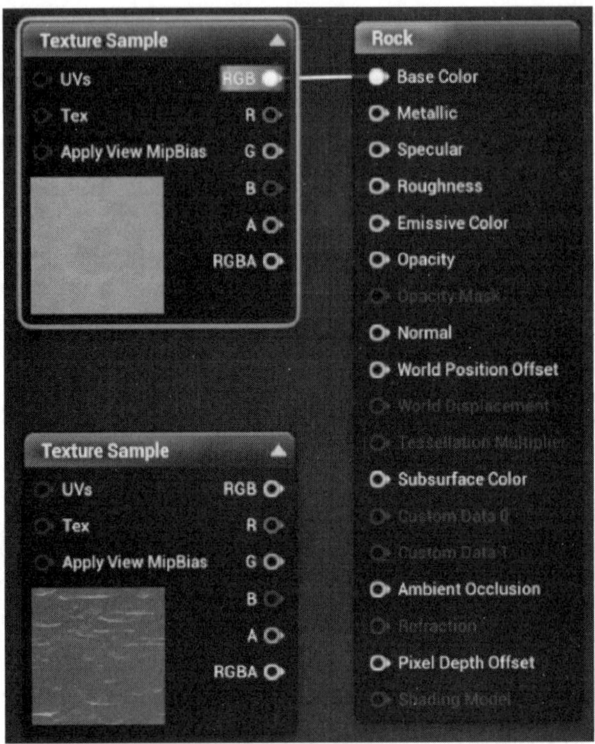

图 5–36　基础颜色节点连接

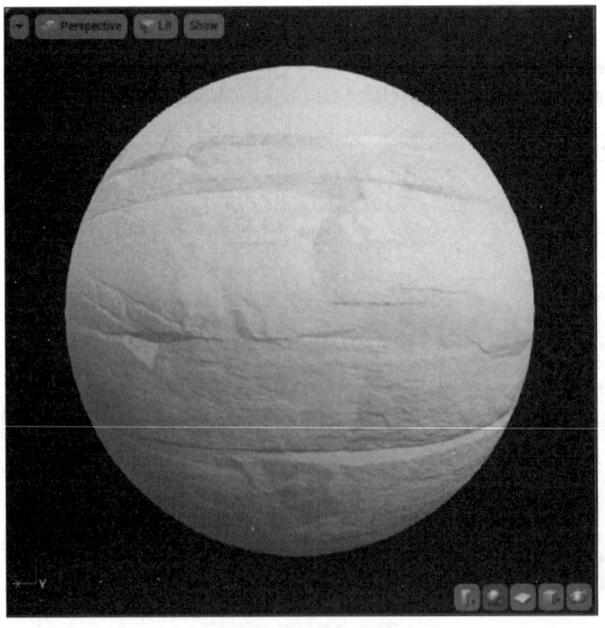

图 5–37　材质球预览效果

按住“1”键并用左键单击视图来创建 3 个常量节点，如图 5–38 所示。

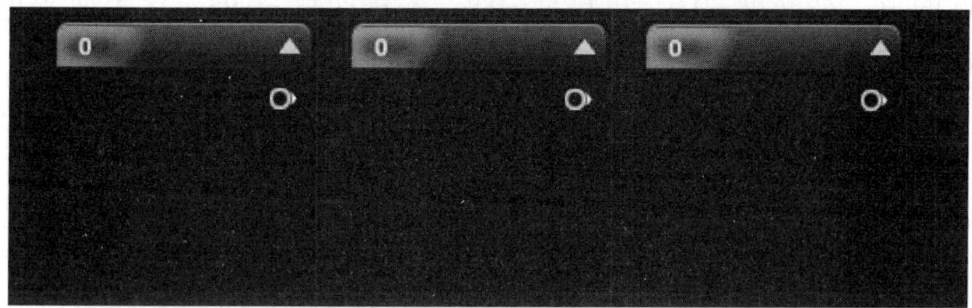

图 5–38　创建常量节点

常量节点是可修改的浮点型变量。按住“3”键并用左键单击图来创建 1 个 Constant3 Vector 节点，如图 5–39 所示。Constant3 Vector 节点是对应于颜色通道，但无 alpha 通道可修改的向量型变量节点应进行排列，以使它们可以方便地进行连接，要避免连线互相交叉。

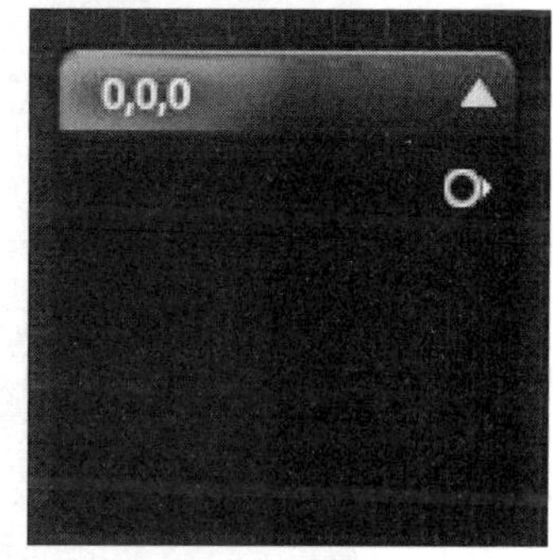

图 5–39　创建 Constant3 Vector 节点

连接所有的 Constant 和 Constant Vector 节点到“岩石”材质主节点的相应引脚，如图 5–40 所示。

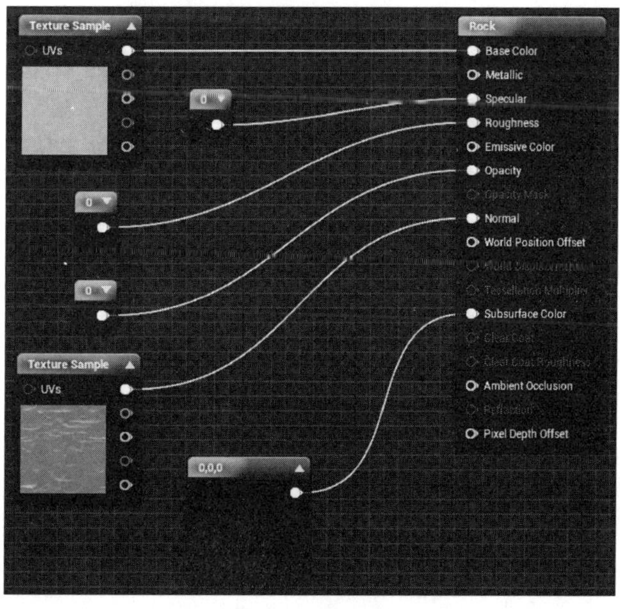

图 5–40　连接节点

在每个 Constant 和 Constant3 Vector 的细节面板中修改它们的数值参数，更新各个节点的值，高光度 =0.0，粗糙度 =0.8，不透明度 =0.95，次表面颜色 = 红色（1，0.0），如图 5-41 所示。修改后对应效果如图 5-42 所示。

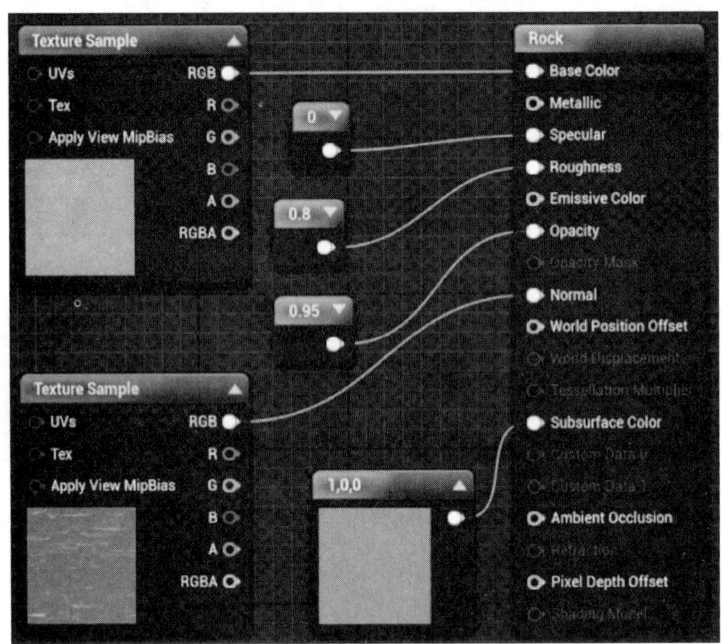

图 5-41　修改参数

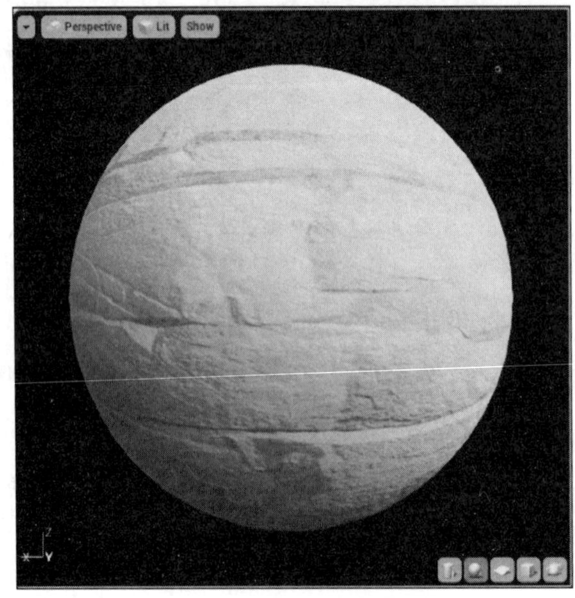

图 5-42　材质球预览效果

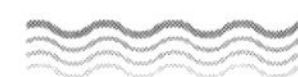

在退出材质编辑器之前请确认保存了材质。材质编辑器中所有的快捷键列表可以通过以下方式查找，Edit Menu/Editoreferences/Keyboard Shortcuts/Material Editor 和 Material Editor/Spawn Nodes 分类。

（二）为静态网格物体的 Actor 指定材质

这个步骤的目标是将材质应用到导入的静态网格物体上，主要将学习如何设置 Actor 的默认材质和为某个 Actor 改变当前使用的材质。

1. 为一个 Actor 设置默认材质

当一个 Actor 被放置在关卡中时，默认材质会先被应用到该 Actor 上。在内容浏览器中，双击打开预先导入的静态网格物体资源。静态网格物体编辑器会加载该资源，并且能够开始编辑其相关属性。

在细节面板中 LOD0 区块内，单击材质的下拉菜单，如图 5–43 所示。

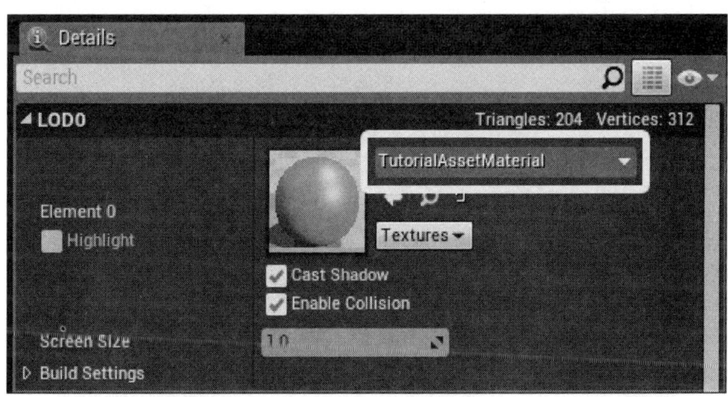

图 5–43　细节面板

在下拉菜单中找到先前创建的“岩石”材质。预览窗口处会更新并展示应用到模型上的新材质效果，如图 5–44 所示。

单击保存按钮，然后关闭静态网格物体编辑器。在内容浏览器中，将同步修改静态网格物体的材质效果，如图 5–45 所示。

每次将该资源放置在关卡中时，这个特定的材质都将作为默认材质被应用。

2. 基于一个 Actor 来改变它的材质

当在关卡中放置一个静态网格物体时，实际上是创建了该物体的一个实例（一个

图 5–44　显示材质

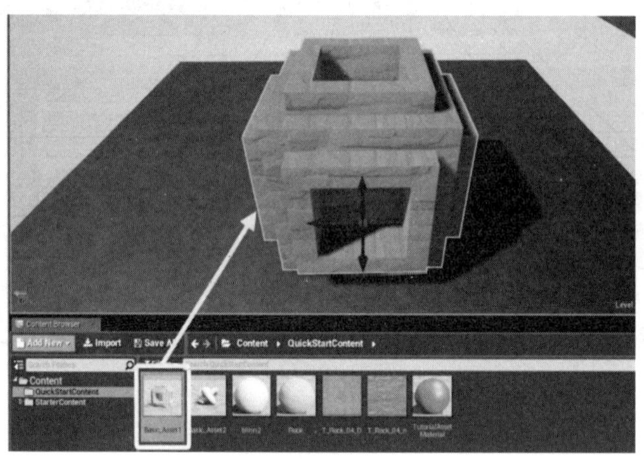

图 5–45　创建新增贴图的静态网格物体

Actor）。对于每个 Actor 的实例，都能定义它们各自的材质。选中所需的静态网格物体 Actor。在细节面板中，找到材质的区块，然后单击材质的下拉菜单。在下拉菜单中，选择一个不同的材质。

另一种方法，是直接将材质拖动至所需的静态网格物体 Actor 之上，如图 5–46 所示。

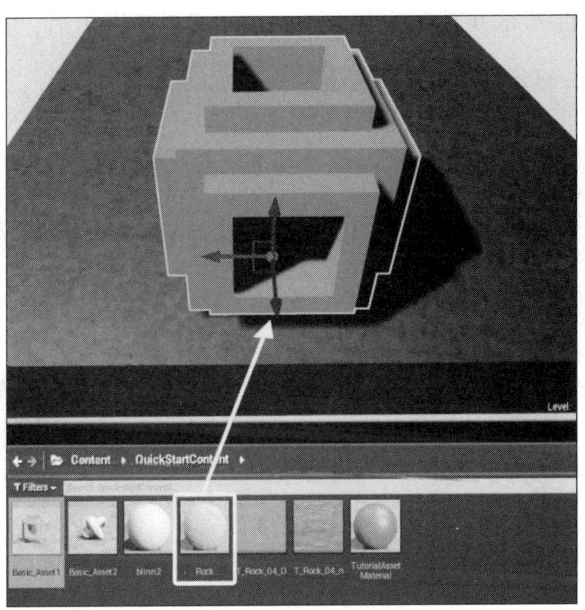

图 5-46　替换材质

第四节　摄　像　机

考核知识点及能力要求：

- 了解虚拟摄像机基本知识。

每个项目都需要一个查看场景的“窗户”，最简单的方式就是用摄像机 Actor 查看场景。它们可以结合蓝图或 C++ 使用，例如，用于视角固定的项目，用于创建安保摄像头，甚至是借助摄像机动画（Camera Anim）创建简短的过场动画。

选中某个摄像机 Actor（或某个包含摄像机组件的蓝图）后，主 3D 视口将显示一个“画中画”视图，显示此摄像机拍摄的画面，如图 5-47 所示。

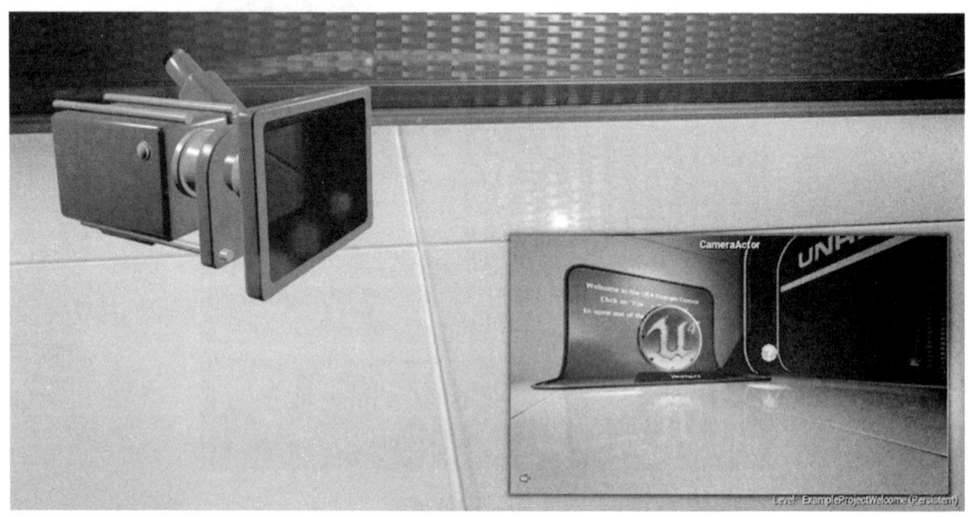

图 5-47　摄像机

可以在 All Classes（所有类）分类中的 Modes（模式）面板中找到摄像机 Actor。从 Modes（模式）面板中将其拖入场景即可完成放置。

摄像机可以单独使用并直接放置到关卡，也可以充当蓝图的一部分（例如，在玩家驾驶飞机、车辆或控制某个人物时提供专门视角）。可以使用搜索栏直接查找摄像机 Actor，也可右键点击关卡视图（Level Viewport）并使用弹出菜单（选择 Place Actor，然后选择 Camera Actor），如图 5-48 所示。

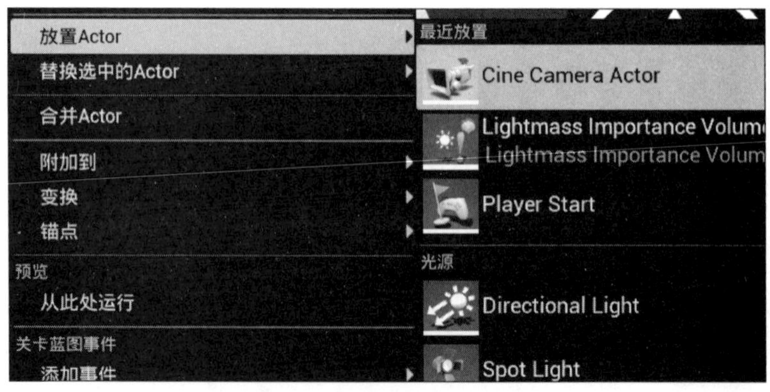

图 5-48　摄像机的创建方式

当在关卡中选中摄像机后，在视口中会出现一幅画中画，表示该摄像机拍摄到的画面。画中画的中间上方位置显示摄像机名。在画面左下角有一个大头针图标，可用于固定该窗口（未选中摄像机时，画中画仍会出现在窗口画面中）。

在选择摄像机后，会发现细节面板被填入了与摄像机有关的信息。

下面是对摄像机 Actor 的细节面板中每一部分的概述：

- Transform：这部分描述了摄像机在世界中的位置。
- Camera Settings：这部分可用于修改摄像机所用的投影类型、视野、纵横比以及后处理混合。
- Auto Player Activation：指定由哪个激活的玩家控制器（如存在）来自动使用此摄像机。
- Film：在这部分中，可以应用胶片效果，如色调、饱和度或对比度。
- Scene Color：用于对摄像机应用效果。
- Bloom：可模拟人眼在看到明亮物体时感受到的效果。
- Light Propagation Volume：可实现实时全局光照（GI）。
- Ambient Cubemap：用提供的图像来给场景照明。
- Auto Exposure：可模拟人眼对明暗区域的调节。
- Lens Flares：模拟因摄像机镜头瑕疵导致观看明亮物体时出现的光线散射。
- Ambient Occlusion：近似模拟出因吸收造成的光线衰减效果。
- Global Illumination：影响光团发出的间接光照，从而改变场景的亮度、颜色或色调。
- Depth of Field：根据在焦点前方或后方的距离对场景应用模糊效果。
- Motion Blur：用于产生动态模糊效果，根据运动情况将物体变模糊。
- Misc：应用可融合效果和抗锯齿等设定。
- Screen Space Reflections：这是一个默认启用的效果，可以改变物体材质表面反射的效果。
- Activation：决定是否自动启用摄像机。
- Tags：用于在 Actor 上放置标签。

● Actor：摄像机 Actor 本身的相关信息。

● Blueprint：用于将 Actor 变为蓝图，或者将事件添加到 Actor 的关卡蓝图（Level Blueprint）。

第五节　管理美术资源

考核知识点及能力要求：

● 了解虚拟现实引擎美术资源管理基本知识。

● 了解虚拟现实引擎资源优化基础知识。

针对管理美术资源和关卡设计在性能优化方面有一些通用的指南。

● 最小化每个物体的元素数量。

● 将模型合并，形成单个元素上有一定数量的三角面（比如每个元素 300 多个三角面）。

● 不透明的材质性能最快，因为有最佳的 ZBuffer 裁剪，蒙版会稍慢一些，半透明则最慢，因为有多次渲染的消耗。

● 限制 UV 裂缝和模型硬边的数量，因为它们会导致硬件计算时更多的顶点数据。在最糟的情形下，一些外部的建模软件计算下，具有大量多边形的模型采用硬边可能会导致三倍于非硬边的顶点数据。

● 较大的模型可以分为多个，以获得更好的裁剪优化。这不止对于可见性的裁剪，光照则在更细的粒度上被处理。

- 越小的贴图格式能带来运行更快的材质，比如 DXT1 是每像素 4 bit（即 4 bpp），DXT5 是 8 bpp，而 ARGB 则是 32 bpp。

- 越低的贴图分辨率越快（当放大时）。有时也会更加平滑，因为双向线性过滤可以在 shader 层面比实际贴图展现得到更好的效果。

- 较少 shader 指令数的材质及贴图能运行得更快。优化材质的话，应使用材质编辑器中的 stat，以及在编辑器窗口中用 Shader 复杂度的视图模式。

- 如果一个贴图可以在较小的比例下被用到，应一直都为它采用 mipmaps，可以避免因为贴图缓存的未命中导致的性能下降。

- 有些材质表达式会比其他更耗性能（sin，pow，cos，divide，Noise）。最快的几个表达式是 multiply，add，subtract，以及使用 0 和 1 的 clamp ()。

- 着色模式本身具有一定的性能消耗，无光模式最快，光照模式应该在大部分情况下使用。

- 控制固定光照和动态光照的数量。

- 区域光照源会更耗性能一些，应当在可能的情形下避免使用。

- 根据较小的物体来调整渲染距离，来达到更好的裁剪效果。

- 确认 LOD 是设置在一个比较激进的范围变化上。LOD 的顶点数通常应该是 2x 的变化。要做这个优化的时候，查看线框模式，一整块区域颜色就说明存在问题。

- 尽量将类似信息的光源合并。比如，车的头灯可以用一个光源以及一个光照函数让它看起来是两个灯的效果。

- 静态光照最快，固定光照稍慢一些，动态光照最慢。

- 按照需要，尽量限制光照的衰减半径以及光锥的角度。

- 动态 / 固定点光源是最消耗性能的。方向光源要稍好一些，最好的是聚光灯光源。阴影贴图生成的性能消耗与造成阴影的物体的光照锥体有关。

- 光照函数具有额外的性能消耗（实际消耗取决于材质），并能防止灯光被渲染成 Tiled Light。

- IES profiles 具有额外性能消耗（比光照函数好一些），并能防止灯光被渲染成 Tiled Light。但不要在可以用聚光灯光锥就能完成效果的情形下，还使用 IES。

- Skybox Textures 能用来代替实际的几何体物件并有效地提高性能。
- 将遮蔽裁剪纳入考虑优化关卡（添加一些阻挡视线的物件来提高性能）。
- 在不需要的地方应该关闭阴影生成，一个个物件地关闭，或者一个个灯光来关闭。
- 在编辑器中使用 ProfileGPU（Ctrl+Shift+,）快速了解信息以及哪部分比较慢。
- 贴图的性能消耗和它们覆盖的像素数量有关。

思考题

1. 创建一个全新的空引擎工程并规范命名。
2. 在引擎中创建一个空白场景，并放置若干标准几何体。
3. 导入三维模型和图片文件至工程中，再尝试导出。
4. 创建新材质，并在材质编辑器中调整材质颜色和金属性，且将材质赋予模型。
5. 设置模型的碰撞和 LOD 等属性。
6. 在引擎中搭建一个房间场景，并调整材质和灯光。

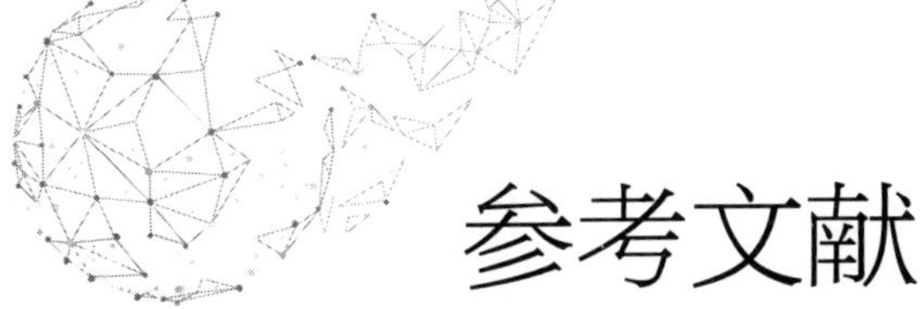

参考文献

［1］周建国 . Photoshop CC 新媒体图形图像设计与制作（全彩慕课版）［M］. 北京：人民邮电出版社，2020.

［2］来阳 . Maya 2020 从新手到高手［M］. 2 版 . 北京：清华大学出版社，2020.

［3］张宝荣 . Unreal Engine 4 学习总动员——快速入门［M］. 北京：中国铁道出版社，2019.

后记

近年来，虚拟现实技术在国内外都得到了飞速发展并且逐步走向成熟，该技术融合应用了近眼显示、渲染计算、内容制作、感知交互、网络传输等多领域技术，拓展了人类感知能力，开启了“元宇宙”的大门，也给生产生活带来了前所未有的变革，在军事、工业、娱乐、教育、文化、医疗等行业领域都得到了广泛应用。据国际数据公司等机构预测，2020—2024 年，全球虚拟现实产业规模年增长率约为 54%。

虚拟现实产业的广泛应用和快速发展急需一大批虚拟现实技术人才作为支撑。当前我国虚拟现实技术人才相当短缺，数据显示，至 2030 年我国对 VR/AR 人才的岗位需求将达到 682.26 万个。国家高度重视虚拟现实技术人才的培养，2018 年 9 月，虚拟现实应用技术专业列入《普通高等学校高等职业教育（专科）专业目录》；2020 年 3 月，虚拟现实技术专业被纳入《普通高等学校本科专业目录》。

2020 年 2 月 25 日，人力资源社会保障部与市场监管总局、国家统计局联合向社会发布了包含虚拟现实工程技术人员在内的 16 个新职业。其中，明确定义虚拟现实工程技术人员为使用虚拟现实引擎及相关工具，进行虚拟现实产品的策划、设计、编码、测试、维护和服务的工程技术人员。其主要工作任务包括：虚拟现实软件产品策划、场景设计、界面设计、模型制作、程序开发、系统测试；设计、开发、集成、测试虚拟现实硬件系统；研究、应用虚拟现实体系架构、技术和标准；管理、监控、维护并保障虚拟现实产品的稳定和安全运行；提供虚拟现实技术相关的技术咨询、技术培训和技术支持服务。

2021 年 9 月 29 日，人力资源社会保障部、工业和信息化部共同制定的《虚拟现实工程技术人员国家职业技术技能标准（2021 年版）》正式颁布施行。至此，虚拟现实工程技术各等级从业人员的知识要求和专业能力要求均已明确。

本套教材严格按照《虚拟现实工程技术人员国家职业技术技能标准（2021 年版）》编制成册，共包含“三类九本”。“三类”即基础知识类、应用开发类、内容设计类。其中，基础知识类指《虚拟现实工程技术人员基础知识》，主要讲述了虚拟现实系统搭建、虚拟现实项目管理等通用知识；应用开发类、内容设计类分别讲述了虚拟现实应用开发方向、虚拟现实内容设计方向应掌握的专用知识。三类都是按初、中、高三级单独成书，用于全国专业技术人员新职业培训。

在使用本系列教程开展培训时，应当结合培训目标和受众人员的实际水平和专业方向，选用合适的教程。本教程受众为大学专科学历（或高等职业学校毕业）以上，具有一定的学习、理解、沟通、分析和计算能力，具有较好的空间感，参加新职业培训的人员。

虚拟现实工程技术人员需按照《虚拟现实工程技术人员国家职业技术技能标准（2021 年版）》的职业要求参加有关课程培训，完成规定学时，取得学时证明。初级 120 标准学时，中级 100 标准学时，高级 100 标准学时。

本教程编写过程中，得到了人力资源社会保障部、工业和信息化部相关部门的正确领导，得到了一些大学、科研院所、企业的专家学者的大力帮助和指导，同时参考了多方面的文献，吸取了许多专家学者的研究成果。整个编写团队克服疫情带来的困难，团结协作，体现了良好的奉献精神和工作热情，本书写作过程中得到了魏晓东、杨涛、段佳喜、李冬、李明、郝杰、刘晨、胡俊、朱晓龙、罗峥、邓秋亮等的大力支持和协助，在此表示由衷的感谢。

由于编著水平、经验与时间所限，本书的不足与疏漏之处在所难免，恳请广大读者批评指正。

本书编委会